Routledge
Taylor & Francis Group

Representing Landscapes:Digital

U0290107

景观设计数字化表现

［美］娜迪娅·阿莫罗索（Nadia Amoroso）　主编

潘亮　译

机械工业出版社
CHINA MACHINE PRESS

现在大部分景观设计作品都会包括一些数字化表现形式，但是对标准的 Photoshop 蒙太奇来讲，仍然存在可以超越原有标准的想象空间。在这本关于景观设计表现的书中，娜迪娅·阿莫罗索集结了来自于世界上专业景观机构的作品，对数字化图示法的多样性进行了探索。

在本书的每章中，景观设计学领域的主讲讲师、教授和实践参与者使用他们所在机构的图片对具体的数字化方法进行了解释，以展示相关方法或手段是如何在这些灵感迸发的例子中得到应用的，以帮助读者对多种绘画风格进行了解。这些绘画风格在景观设计学领域的理念传达中极有价值。本书的这些样例和可为课堂所用的图片，对视觉化传递起到了积极作用。

本书可供从事景观设计、建筑设计和城市设计的技术人员参考使用，也可供相关专业的师生阅读。

图书在版编目（CIP）数据

景观设计数字化表现 / （美）娜迪娅·阿莫罗索 (Nadia Amoroso) 主编；潘亮译 .—北京：机械工业出版社，2020.12
书名原文：Representing Landscapes:Digital
ISBN 978-7-111-66463-5

Ⅰ.①景⋯　Ⅱ.①娜⋯②潘⋯　Ⅲ.①数字技术—应用—景观设计　Ⅳ.① TU986.2-39

中国版本图书馆 CIP 数据核字（2020）第 168117 号

机械工业出版社（北京市百万庄大街 22 号邮政编码 100037）
策划编辑：关正美　责任编辑：关正美
责任校对：张　力　封面设计：王　旭
责任印制：张　博
北京宝隆世纪印刷有限公司印刷
2021 年 4 月第 1 版第 1 次印刷
189mm×246mm・16.75 印张・391 千字
标准书号：ISBN 978-7-111-66463-5
定价：199.00 元

电话服务　　　　　　网络服务
客服电话：010-88361066　机　工　官　网：www.cmpbook.com
　　　　　010-88379833　机　工　官　博：weibo.com/cmp1952
　　　　　010-68326294　金　书　网：www.golden-book.com
封底无防伪标均为盗版　机工教育服务网：www.cmpedu.com

前　言

詹姆斯·科纳（James Corner）

　　本书探讨了用于景观设计，尤其是成品景观以及在景观设计师的创意表现中广泛使用的数字媒体技术。从历史上看，人们可以证明景观本身从未与表现形式分开。事实上，景观的概念，以及将环境视为景观的各种不同的观察和理解方式，都是从表现形式开始的——其中最主要的就是地图与透视图的绘制。的确，在今天，仍然和以往一样，这些非常古老的表现类型在形成景观想象方面仍然是非常普遍和具有影响力的。地图和平面图是任何土地定位形式、定界或组织形式的基础，而以绘画、照片、速写和绘图形式出现的图像则能捕捉到空间、尺度、氛围与个性等元素。那么，当我们进入数字化媒体的世界后，在景观理解和景观创作中，会发生什么呢？

　　通过数字技术和设计可能性推测方面的最新研究，本书将尝试回答上述问题。一个显而易见的答案就是数字媒体已经非常迅速地提升了景观设计项目的视觉化和实现速度。平面图、轴测图、剖面图和透视图都可以合并到一个数字模型之中，一个看似有着无限切割面、角度和层次的网络化、连接透彻的混合体。接下来可以进行无限次快速和精准的研究、修改和修正。一个维度上发生的任何改变都会被立刻捕捉并嵌入到其他维度及视点上。令人印象深刻的效果图和视角也可以相对容易地实现。从想象、思考和展示的层面来讲，数字媒介为景观设计师展现了形形色色不可或缺的技术类型。

　　然而，还有比快速、写意性和内在关联的矢量信息更重要的东西。无论是在空间上还是时间上对景观进行考量时，数字媒介从根本上展现出大量的创新以及迄今为止无法想象的可能性。传统的观察和行动方式始终具有其重要性，但是，数字媒介则会考量时间和空间上的全新概念。就这一点而言，一个明显的影响就是参数化建模，或者是创造非常复杂的曲线几何图形，生成具有灵活性、柔韧性、连续性和折叠性的表面以及空间形式——因为既相似又具起源性的形成过程，这些形式往往可以被比作生物有机形式。另一个例子可能就是小倍数的系列重复，每个单元以极其微小的程度不断变化，生成具有自相似性但局部不同的场域——大量的细胞间垫状结构。再者，通过倍增，这种相似性和过程激活了自适性应急自然生命形式和模式。第三个例子可能属于数据景观范畴：经过分析和应用大量数据的景观表现和视图。信息常常是环境设计和规划的基础部分，但是在数字化世界中，它的影响已成倍增长。

　　无论是在实体模型还是实际成品和建设完成后的交付项目中，都可能包含使用了多种动画技术、仿真技术与模拟建模、序列化剖面、延展性分形和微缩化的案例，更不用说成像技术和数字化制作之间令人兴奋的界面了。本书案例借鉴世界各地景观建筑项目编撰而成，探索了上述形式的数字化媒介和技术以及其他形式的使用方法，以期对景观表现有所促进。这些抽象的事物在感官特性方面可能看起来与简单的景观体验所带来的触觉性愉悦有着天壤之别，但是设计方面存在的可能性和创新总是无限的。

　　詹姆斯·科纳（James Corner）是 JCFO 工作室的创始人。JCFO 是纽约一家著名景观设计和城市设计公司。他的项目包括纽约高线公园（High Line Park）、洛杉矶圣莫尼卡通格瓦公园（Tongva Park）、深圳前海新城。此外，他还是宾夕法尼亚大学设计学院的景观设计学教授以及《景观的想象力》一书的作者（普林斯顿建筑出版社，2014 年出版）。

编者简介

乔纳森·R·安德森（Jonathon R. Anderson）是一名独立设计师，也是内华达大学拉斯维加斯分校建筑学院的助理教授。乔纳森探索研究工业制造和计算机数控技术对设计和制作工艺的影响，他的作品已在国际上出版、销售和展出。

科菲·布恩（Kofi Boone）是北卡罗来纳大学设计学院景观建筑学的副教授，是多个奖项的获奖者，包括奥帕尔·曼恩绿色事业奖学金、景观设计系年度教授以及校园杰出教师等。

布拉德利·坎特雷尔（Bradley Cantrell）是哈佛大学设计学院的副教授。他曾是路易斯安那州立大学罗伯特·赖克建筑学院的主任和副教授。他是一名学者兼景观设计师，主要研究计算机和媒体在环境与生态设计中的作用。目前常驻密西西比三角洲，尝试创造技术界面呈现出新的定居形式、基础设施和栖息场所。

伊娃·卡斯特罗（Eva Castro）是清华大学的访问教授，她从 2003 年起就在英国建筑联盟学院任教。卡斯特罗是普拉斯马工作室和大地实验室的联合创始人。她已获多个奖项，包括未来建筑师奖、年度青年建筑师奖和世界协作奖。

玛丽亚·德比婕·康茨（Maria Debije Counts）是宾夕法尼亚州立大学斯图克曼建筑与景观学院的客座讲师，同时也是纽约布鲁克林克里斯托弗康茨工作室的项目设计师和业务开发总监。

大卫·弗莱彻（David Fletcher）是一名景观设计师、城市设计师、教授和作家。他主要从事项目处理流程、城市化分水岭、绿色基础设施和后工业都市主义的研究工作。弗莱彻是弗莱彻工作室的创始人，该工作室位于旧金山，是一家屡获殊荣的创新公司。他在加州艺术学院任教。

　　克里斯托弗·吉鲁特（Christophe Girot）是苏黎世瑞士联邦理工学院景观设计学系全职教授（ETH）。他获奖无数，是景观设计师兼研究员。他创办了景观可视化与建模实验室 (LVML) 和景观设计研究所 (ILA)。

　　安德里亚·汉森（Andrea Hansen）是 Fluxscape 的负责人，该公司专注于后工业化城市中的数据可视化、基于网络的地图制图和数据驱动景观。她是《可视化系统》(*Visualizing Systems*) 杂志的编辑，还进行过广泛的演讲和教学活动，如在哈佛大学设计学院、加州艺术学院和路易斯安那州立大学。

　　安德鲁·哈特尼斯（Andrew Hartness）是罗德岛设计学院景观设计学系的副教授，也是马萨诸塞州剑桥设计可视化工作室"哈特尼斯视觉"的负责人。他在法国巴黎建筑学院学习建筑学，在哈佛大学设计学院学习城市设计。

　　卡尔·库尔曼（Karl Kullmann）是加州大学伯克利分校环境设计学院的助理教授，教授数字化描绘、设计工作室和景观设计学理论。在卡尔的教学、设计实践和研究中，景观表现是其始终如一的主题。

　　大卫·马（David Mah）是哈佛大学设计学院的讲师。在哈佛大学之前，2007~2010 年他在康奈尔大学建筑系、城市和区域规划系任教，2004~2007 年在英国建筑联盟学院的研究生设计学院任教。他也是阿森西奥-马的负责人。阿森西奥-马是一个多学科的设计合作机构，活跃于建筑设计、景观设计、总体规划、室内设计和装置设计领域。

　　克里斯托弗·马金科斯基（Christopher Marcinkoski）是美国宾夕法尼亚大学景观设计学和城市设计专业的助理教授，也是总部位于芝加哥的前沿性城市设计咨询公司 PORT A+U 的创始理事。在被宾夕法尼亚大学任命之前，克里斯托弗是詹姆斯·科纳场域运作事务所的高级合伙人，负责事务所的大型城市设计工作，包括中国深圳的前海新城和田纳西州孟菲斯的谢尔比农场公园。

　　詹姆斯·梅尔索姆（James Melsom）是一名执业景观设计师，也是波士顿景观设计师协会的成员，在瑞士和整个欧洲的项目中进行过设计。他在苏黎世联邦理工学院景观设计学院任教并担任研究员。他领导着景观可视化与建模实验室 (LVML)，专注于建模与可视化研究。

　　丹尼尔·H·奥尔特加（Daniel H.Ortega），美国景观设计师协会成员，建筑学院景观设计学副教授兼景观设计与规划景观设计学课程协调员。他也是内华达大学拉斯维加斯分校建筑学院创新媒体探索实验室的联合首席研究员。

　　何塞·阿尔弗雷德·拉米雷斯（José Alfredo Ramírez）是 Groundlab 事务所的联合创始人和总监。2005 年，他在墨西哥攻读建筑学，并在伦敦学习英国建筑联盟学院景观城市学研究生课程。阿尔弗雷德在中国、印度、迪拜、墨西哥和西班牙等不同国家致力于建筑、景观和城市设计的融合。他拥有大型项目开发的经验，比如 2012 年伦敦奥运会总体规划和 2011 年西安世界园艺博览会。他曾以景观都市主义和关于 Groundlab 事务所全球工作为主题发表演讲，目前在英国建筑联盟学院联合指导景观都市主义硕士课程。

罗伯特·罗维拉（Roberto Rovira） 是佛罗里达国际大学景观设计系的系主任，罗伯特·罗维拉跨学科工作室的负责人。他是一名注册景观建筑师，他的教学、研究和创造性工作从艺术和设计方面探索景观设计领域，并经常测试时间和迁移的概念，以及景观设计在构想和塑造公共空间方面发挥关键作用的潜力。他被认为是 2009 年佛罗里达国际大学顶尖的学者之一。美国景观设计师协会、美国建筑师学会、国际风景园林师联合会、美国景观教育委员会、尤文·玛丽恩·考曼基金会、范·阿伦研究所、劳特利奇（泰勒）和弗朗西斯出版社和普林斯顿建筑出版社等机构出版并获得认可。

费德里科·罗伯托（Frederico Ruberto） 是 reMIX 工作室的联合创始人，也是欧洲研究生院的博士研究员。他毕业于建筑专业，2008 年在米兰理工大学获得城市和景观设计硕士学位。目前，他是清华大学景观城市规划专业和北京参数化设计研究中心 (LCD) 的导师。他在许多国际研习项目中授课，包括英国建筑联盟学院于 2012 年在北京和 2013 年在圣保罗开展的访问学校项目。

克拉拉·奥洛里斯·圣胡安（Clara Olóriz Sanjuán） 是一位拥有博士学位的建筑师、建筑师导师及执业建筑师。她毕业于纳瓦拉建筑学院，并获得了关于建筑与技术之间关系研究的博士学位。她在纳瓦拉建筑学院和英国建筑联盟学院主要研究的是工业生产体系。此前，她曾为 FOA 建筑事务所和 Cerouno 建筑师事务所工作。目前，她在英国建筑联盟学院景观都市主义硕士课程和纳瓦拉建筑学院担任设计导师。她还在毕尔巴鄂联合指导英国建筑联盟学院访问学校的计算机拓扑课程，并研究集群城市原型。

迪特马尔·斯特劳布（Dietmar Straub） 是一位景观设计师，也是斯特劳布·瑟梅尔景观设计师和城市设计师 CSLA 组织的主要合伙人。他目前在加拿大曼尼托巴大学教授景观设计学。他是加拿大景观设计师协会 (CSLA) 和德国巴伐利亚建筑师协会的正式成员。

约书亚·组内特（Joshua Zeunert） 是一名来自澳大利亚的注册景观建筑师，曾在悉尼和阿德莱德从事实践和学术工作，后来移居英国，在莱特尔设计学院担任讲师。最近的职业成就包括被称为"阿德莱德最环保的人"，被授予澳大利亚景观设计师协会未来领袖奖学金，并出现在澳大利亚堪培拉的国会大厦举办的名为"庆祝创新者"的肖像展中。

目　录

介 绍

1 通过数字化绘画类型实现的景观表现

娜迪娅·阿莫罗索(Nadia Amoroso)

作为塑造环境的设计师，我们的工作就是为给定的环境提供创新性和创造性的设计解决方案。设计师心中能否迸发出富有创意的想法往往是个挑战。一旦我们想到一些貌似合理真实的概念，如果这些想法概念没有能够以视觉上引人注目和信息量丰富的方式传达出来，那么它们的实现很有可能要功亏一篑。因此，我们有可能会冒让读者失去兴趣的风险。本书汇集了大量多种景观类型的视觉表现作品，这些作品都是由来自全球景观设计专业的学生使用数字化手法创作而成的。本书旨在为相关专业的学生、相关讲师及教授提供指导，并成为其灵感激发的源泉。作为以塑造环境为己任的专业学生和设计师，我们想把这本景观图形表现集锦看成是一种资源，帮助将我们的想法进行视觉化传递，并且学习使用视觉词汇来描述我们的心中的概念。从格兰特·里德（Grant Rei）或程大锦（Francis Ching）的经典教学用书到林迈克（Mike Lin）提出的随心所欲而又引人入胜的草图法和技巧，这类书籍就绘画技巧和如何通过特定的绘画类型来绘制概念的问题提供了如此丰富的资源。手工绘图技巧尽管正逐渐沦为失传的艺术，但仍然是一个值得去学习的重要技能，因为它是快速勾勒出想法、开始数字化绘图过程的极佳方式之一。景观设计师正变得越来越依赖一些技能组合，这些组合的重点往往是通过软件程序处理和实现想法传递。曾经用独特的铅笔或笔触，比如水彩、石墨或者钢笔这样的手段进行创作的风格和技巧，现在往往已越来越多地被集各种特点于一身的特定软件程序所取代，用来帮助创作出绘画特定的风格。在多年的专项课题研究工作室和视觉化表现课程的教学中，我注意到一个长期存在的问题，那就是学生们渴望和探寻"看见"以及"理解"图形语言，以尽可能完美地展现他们的想法。

本书是《景观设计视觉表现》的姐妹篇。它以下一代设计师为目标读者，强调使用数字化技巧和媒介来表现景观以及想法。本书的目的在于捕捉视觉上变化多端的景观类型和项目案例，它们都使用了一定的绘图规范（绘图类型）、数字化合成，并用于概念表达的专业教学之中。

为了满足专业内学生们对如何通过特定绘画类型将景观表现做到最佳的需求，本书应运而生。本书也旨在帮助读者快速领略出自全世界多所大学学生之手、引人注目的视觉表现佳作，看他们如何描述景观以及设计理念。

我聚集了业界大批受人尊敬的同僚，他们来自于多个景观设计专项课题设计研究工作室或数字化视觉表现的教学机构。我请他们参与搜索、编撰、判断和精选出一些数字技术合成、视觉效果极佳的景观设计图片。本书基于"绘图类型"（平面图呈现、图表 / 测绘、剖面图、透视图等）进行组织编排，类似于传统意义上的图解读本型指导用书。每位撰稿人（专家教授）会重点关注一个特定的绘图类型。教授们为这些作品进行重要的描述性评论，界定所指定的绘图类型，并对不同的数字技术和图形风格产生的影响进行解说。有些甚至重新定义了当代和未来几代的绘图类型。教授们还就绘图类型以及每种类型如何成为探究性设计过程、艺术表现、表达手段的一部分提供了个人专业性反思。另外，他们还就绘图类型及其在行业内根据数字化能力进行理念表达重要性的话题提出了更多的学术见解。

本书每章都会附带一些引人注意的图片，它们都出自于学生之手。某些章节直接引用了图片，再与出版方进行共同引导，打造出极具创造力且便于理解的理念视觉化表达。由于这些图像图片都是由学生创作，因此读者中的同龄人很容易与作品产生共鸣。出版方为甄别出优秀的视觉化技术及理念的视觉化表达提供了一站式服务。

每一种绘图类型都可以充当具体的视觉表达工具。在传达场地的复杂特质、条件、系统、结构、功能、流动、整体细节和贯穿始终的简单线条以及符号方面，图表可以说是一种非常有力的交流性图形。图表能够对场地的可分析性方面进行描述、展示其中存在的机会和限制，并传达设计过程（图 1.1~ 图 1.3）。可分析性图表可用于对个别部分进行视觉化表达，把它们进行组织和分类，直观地描述它们如何被用在其他方面。场地、环境及文化条件、等级制度及空间关系或元素通常都是通过图表符号进行传递的。

詹姆斯·科纳（James Corner）强调表现形式应该分析性和生成性兼具，图表就具有这样的双重功能。他还强调图表是调查和揭示的工具和载体，形成有关空间的新理念、设计和操作方式。生成性图表则倾向于传达一种新的形式和概念——如何对思路想法进行运作并产生作用。它们"生成"新的概念（图 1.4）。图表能够展现复杂的种植措施及时间（季节）变化（图 1.5）。

在景观设计中，测绘是另一种重要的视觉化工具，与图表密切相关。景观设计中的测绘往往与相关地理区域的视觉标记和符号有关。正如科纳所描述的一样，测绘是一个创造的过程，通过直观性地提取地理区域的精选部分和记录对现场的客观测量和主观测量方法，帮助我们更好地理解现场复杂性。卡斯特罗（Castro）教授和罗伯特（Ruberto）教授在他们所撰写的章节中，通过"虚构"的测绘，呈现了一些先进的 3D 形式的现场精粹。其中，"标引"这个条目被定义为对现场进行理解时，探索性过程的组成部分。

正如汉森（Hansen）教授所述，另一个与制表和测绘相关的重要主题就是"数据景观"。科纳把数据景观描述为：

> 新空间形态的具有建设性和启发性的图像，其"客观性"源于大量数字、事实和纯数据，以至于它们在面对当代城市设计的官僚主义和管理方面具有很大的说服力。它们不同于传统规划的量化地图，因为它们以有意识的选择性方式描绘数据。它们的设计不只是为了揭示各种形状的空间效果（例如调控、分区、法律、经济和逻辑规则以及条件），还要去建构一个特定的清晰论点。

数据景观是基于相关现场数据的对城市或景观的多维化表示。它们可以将塑造环境的无形力量进行视觉形象化。我们可以进一步将这个术语扩展成"地理设计"。这是一个反映地理数据用途的包罗万象的术语，它可以作为一种手段来帮助生成规划和景观设计。地理设计是一个过程，它涉及地理空间信息的获取和视觉化制作，可以通过地理信息系统（GIS）应用来加以促进，得到的信息可与其他以科学、社会、文化为基础的数据集相融合，从而得到高度可视化和可传达的结果。数据景观所具有的对地理信息进行空间分析的能力，让景观设计师可以利用其设计出合适并包含文化、经济或生态意义的景观作品。它是从伊恩·麦克哈格（Ian McHarg）的测绘体系以及科纳（Corner）的测绘创意过程的概念发展而来的。作为数据驱动过程的一部分，一套基于地理信息的数字工具在帮助设计和制定新的设计方面是行之有效的。现在有更多的在线测绘和地理数据可视化工具可供人们使用。具有视觉冲击力的 3D 地理信息系统（3D GIS）和地理数据可视化应用为景观设计和城市设计的学生提供了工具，让他们可以从多维角度分析数据，并将数据可视化（图 1.6 和图 1.7），此外，设计出的 3D 数据模型可以融入总体规划过程中帮助生成新的形式，并能充分考虑到设计解决方案，做到有理有据（图 1.8）。

平面演示是景观设计中最重要的工具之一。以比例形式呈现的平面图提供了景观设计中具有可测性和可描述性的视觉布局（图 1.9～图 1.11）。罗维拉（Rovira）教授从空中鸟瞰的角度讲述了"静止"时刻的总平面图。平面图引导我们穿越不同的空间：其解释了新技术如何让我们在今天的平面中可以对动态和变化条件进行交流。卡尔·库尔曼（Karl Kullmann）强调了从"鸟瞰"的角度全面理解现场的重要性。运用新技术从空中透视的角度描述场地，以此感知景观及其表现。

轴测图（投影平面图、等距图）或轴测图绘制是对平面图进行扭曲和挤压后的三维表现。它是对平面图进行的一种典型的可测量型抽象化（挤压），在所有轴上缩放绘制，是一种平行化投影。考虑到当今的技术，设计师通常会创建一个概念化的 3D 数字模型，并在空中以 45°、30° 或 60° 等角度进行旋转展示，以表现出空间景观的最佳视图（图 1.12）。

马金科斯基（Marcinkoski）教授带来了轴测图的历史和技术概况。他描述了数字建模软件如 SketchUp、Rhino、Grasshopper 或 3ds Max 的使用是如何与 Photoshop 或 Illustrator 等图形编辑软件相结合的，对平面进行越来越复杂的抽象化和挤压。德比婕·康茨（Debije Counts）教授则为我们呈现了关于使用轴测效果图来描述地貌和一般景观设计的优雅篇章。

剖面图和立面图是展示景观及其元素垂直维度和位置的重要视觉手段（图 1.13 和图 1.14）。奥尔特加（Ortega）教授和安德森（Anderson）教授将剖面图描述为"垂直平面类型学"的表现，各种技术又是如何快速生成准确的景观"切片"描绘垂直维度的设计，并弄清各种元素之间与地平面的关系。斯特劳布（Straub）教授强调剖面图在设计阶段所有过程中的重要性。他将其与计算机轴向体层摄影术（CAT）扫描进行了类比，后者是由计算机生成的多个横截面来检查人体内切片的方式，以便很好地理解复杂性并将其可视化。

透视图可以捕捉空间的本质和特征。这些画面经常被用作营销手段来吸引读者以关注设计。平面图、剖面图和轴测图提供了景观和内部元素之间在水平方向（通过平面图）或垂直方向上（通过剖面图）的测量关系。

透视图则提供了一种深度感和感性认知。设计师可以在透视图中通过逼真的应用来构成一个相当真实的景观"视图"。照片编辑和图像修改（光栅）软件，如 PhotoShop，为学生们提供了一个平台，可以"创造"出充满想象力和非常"养眼"的透视图，以快速吸引读者的注意力（图 1.15）。

过去使用石墨涂抹描绘出的阴影和阴影效果，以及使用橡皮创造出的光照效果，现在都可以通过不同的滤镜、遮罩和各种不透明度水平的照片编辑软件来实现。我们采用了一个新的术语来描述透视图——Photoshopping。纹理、色彩和有效的光照可以被快速添加以改变空间。添加的元素、纹理、人物和灯光效果覆盖在现有场地环境之上，从而使现有的场地转换出新的景观画面（图 1.16~ 图 1.18）。Photoshopping 技术可以改变现有的场景，展示季节和环境的变化（图 1.19 和图 1.20）。平衡黑白和彩色元素的创造性技术实现了场景中情绪和氛围的烘托。例如，在背景中使用引人注目的橙色天空来设置前景的"感觉"（图 1.21）。透视图让读者沉浸在空间中。透视图可以使客户确信构思理念，并说服他们做出决定。

模型是设计过程中重要的分析和展示工具。它们表达出整体空间，有时又是对场地的真实写照。景观形式、建筑体量、街道设施、垂直和水平元素共同展示了最终设计。与实体模型类似，数字模型可以从平面图中挤压出和弹出。在数字结构中可以对元素和形式进行添加、删除和修改（图 1.22）。参数化软件的使用，如 Grasshopper，备选的景观设计就可以通过输入一组条件和函数进行快速生成和转换。在数字环境下，空间表现通过 3D 打印过程、激光切割或计算机数控（CNC）过程变得栩栩如生，进而制作成实体可测量的物体（图 1.23）。

最后一个章节是把绘图融入各自的理念表达之中，结合绘图类型来讲述一个个故事（图 1.24 和图 1.25）。教授们选定了一些案例研究（工作室项目）来展示各种绘图类型的组合是如何共同影响读者，让他们理解和确信最终设计的。每种绘图类型都是可视化表达的关键部分，也是把关于场地和整体解决方法教授给读者的关键。本书的目的是"观察"和"思考"有效表现及表达景观方式。它的出版旨在从视觉上启发和指导专业学生们以及下一代景观设计师。接下来的每章将进一步阐述使用数字手段的绘制类型及其组成。当一个人不仅了解图像是如何实现的，更重要的是还知道为什么要用特定的方式可视化特定的绘图类型时，那么他对"创新的"数字表现的应用能力将会变得相当成功。随着更复杂的数字化工具不断投入使用，如果能理解为什么和如何使用这些工具，创造出更复杂的表面和形式的能力，以及获得对这些复杂性进行探索的机会就变得更加水到渠成，同时也会大大提升学生的创造能力。

　　本章样例如图 1.1~ 图 1.25 所示。

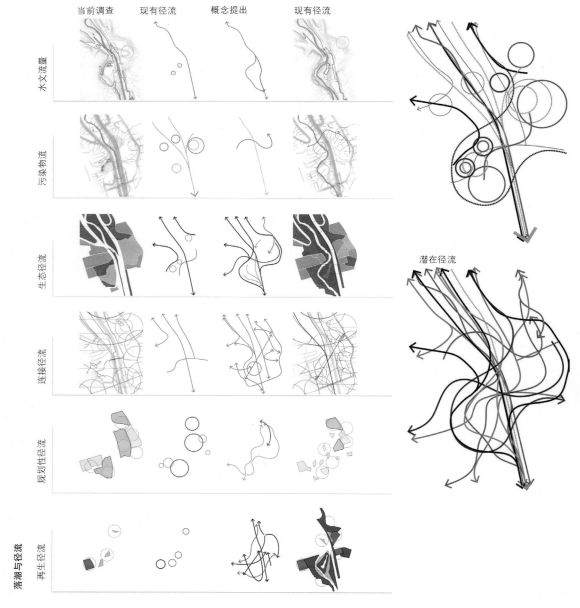

图1.1 这组图展示了多伦多河谷公园的概念设计扩初。通过开始的深入调查和SWOT（优势、劣势、机会和威胁）分析的运用，大展板上的图纸演示传达了设计扩初的过程。在对各组成部分进行分析之后，运动方式、流动模式和障碍得以清晰呈现，这有助于设计扩初方案的制定。一旦理想的运动流程被最终确定，这些模式就可以被"翻译"成实体形式。特定的技术可以在ArcMap、AutoCAD和Illustrator等各种软件中加以实现。在Illustrator中使用了各种阻光度、混合风格、线宽和定制的刷色板，对总平面图进行了充分渲染。由马特·贝罗特（Matt Perotto）制作。

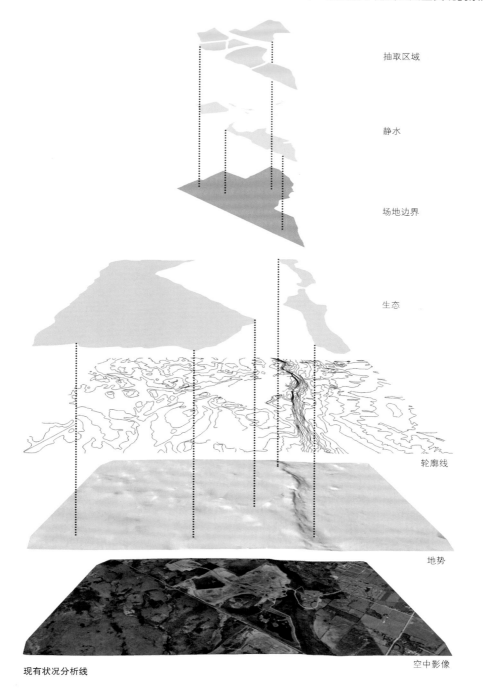

抽取区域

静水

场地边界

生态

轮廓线

地势

现有状况分析线

空中影像

图 1.2　通过放置多个由 AutoCAD、SketchUp 和 Photoshop 生成的图像，这个分解型地图图表得以创建。来自谷歌地球的航空照片被作为底图覆盖在 SketchUp 中，接着是在 SketchUp 中渲染"黏土"层。地形是用 AutoCAD 制作的。最终的合成是在 Photoshop 中完成的。由沙恩·沃瑟曼（Shain Wasserman）制作。

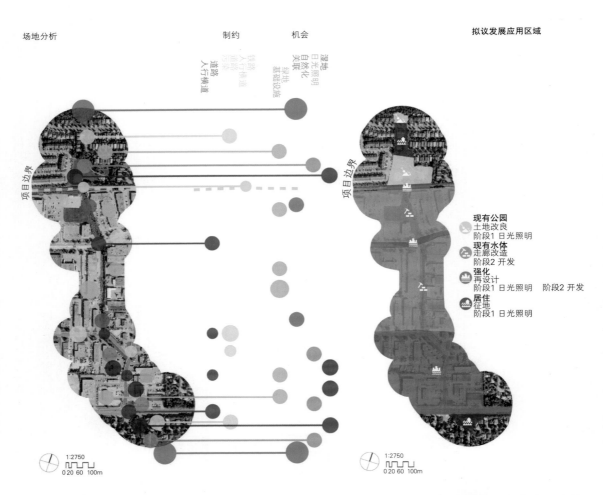

场地分析　　　　　　　　　　制约　　　机会　　　　　　　　　拟议发展应用区域

湿地
日光照明
自然化
关联
绿地
基础设施

铁路
人行栈道
道路
人行横道

项目边界　　　　　　　　　　　　　　　项目边界

现有公园
土地改良
阶段1 日光照明

现有水体
走廊改造
阶段2 开发

强化
再设计
阶段1 日光照明　　阶段2 开发

居住
征地
阶段1 日光照明

1:2750
0 20 60 100m

1:2750
0 20 60 100m

图 1.3　这张"机会与制约"图表的构成灵感来自于现场溪流的形状。目的是摆脱传统的直线地块布局，勾勒出项目现场的轮廓，创建场地分析的另一种可视化表现。用 Photoshop 来创建基础图像，画面的形状和线条采用 Illustrator 绘制。由吉莉安·哈奇森（Gillian Hutchison）制作。

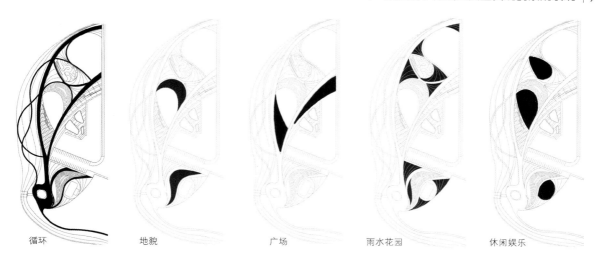

循环　　　　　地貌　　　　　广场　　　　　雨水花园　　　　休闲娱乐

图 1.4　生成图诠释了公园构成元素的布局与组成。线条在 AutoCAD 中组成，在 Illustrator 中进行提炼和渲染。由亚当·帕特森（Adam Patterson）制作。

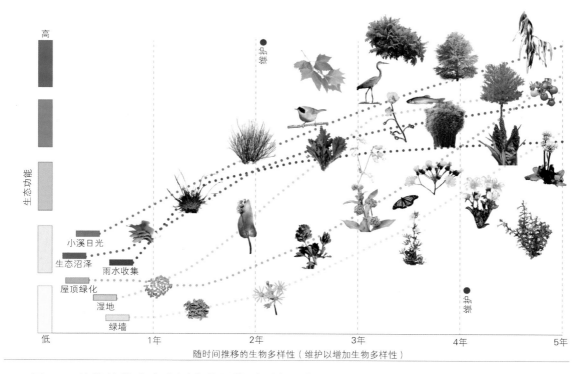

图 1.5　这张植物生产力图表的风格受到詹姆斯·科纳（在纽约高线项目中所使用的图解风格）的启发。形态、配色方案、植物种类和植物生产力随时间的变化用时间轴表示。使用 Photoshop 创建单独的植物图像，并使用 Illustrator 构建图表的其余部分。由吉莉安·哈奇森（Gillian Hutchison）制作。

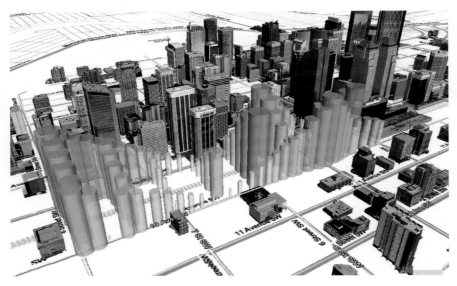

图 1.6　本图是为加拿大卡尔加里的一个项目绘制的行人移动和活动流地图。设计者收集了该地点的地理坐标，以及总体人员活动水平（数值），并在 DataAppeal™ 应用程序中生成 3D 地图和数据景观，放置在谷歌地球的数字地球上。这个数据景观反映了行人的移动，以帮助学生做出关于道路系统和消极绿地空间的设计决策。由亚当·帕特森（Adam Patterson）制作。

图 1.7　这张 3D 数据地图展示了多伦多河谷公园地区的二氧化碳读数。二氧化碳的数值和地理坐标是用手持环境传感器设备进行采集的。CSV 文件（包含二氧化碳数据和纬度、经度）被上传到 DataAppeal™ 中，并使用红色的半透明球形模型进行渲染，该模型被其 3D 化城市环境所围绕。此处选择了水彩底图。这个数据景观是场地分析过程的一部分，揭示了场地中的隐藏元素。数据景观是放置在谷歌地球的数字地球中，在 DataAppeal™ 应用程序中生成和设计的。由马特·贝罗特（Matt Perotto）制作。

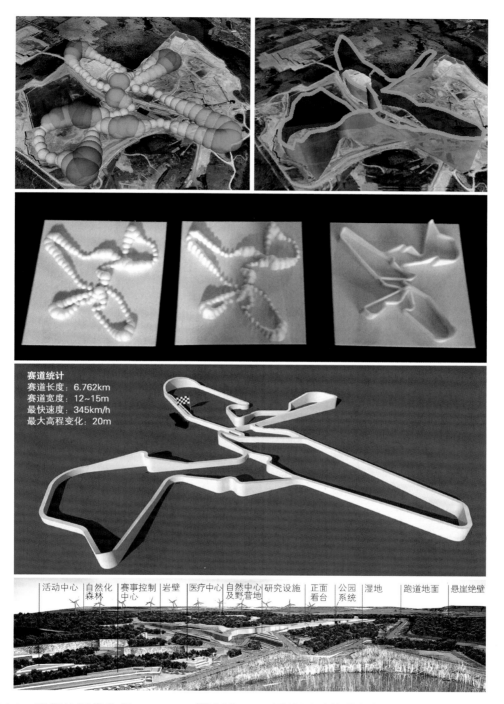

图 1.8 顶部的图像使用 DataAppeal™ 制作。3D 图片通过将数据景观导入犀牛软件中进一步修改而创建，随后以 3D 形式打印。轨道布局在 SketchUp 中合成，在 V-Ray 中进行渲染。鸟瞰图在 SketchUp 中创建，在 V-Ray 中渲染，在 Photoshop 中着色。由沙恩·沃瑟曼（Shain Wasserman）制作。

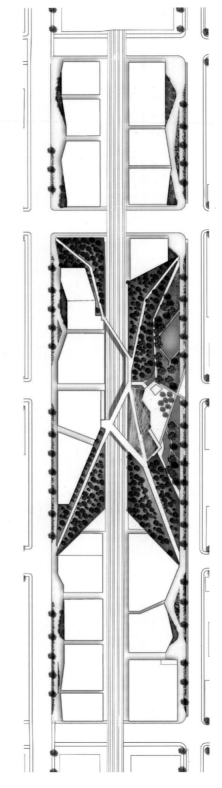

图 1.9 本平面图展示了加拿大卡尔加里一个高流量行人交通网络的设计，该网络是一个超等级水平的铁路基础设施。该方案在 AutoCAD 中生成，在 SketchUp 中进行数字建模，在 V-Ray 中进行渲染，并用 Photoshop 技术进行了完善。由亚当·帕特森（Adam Patterson）制作。

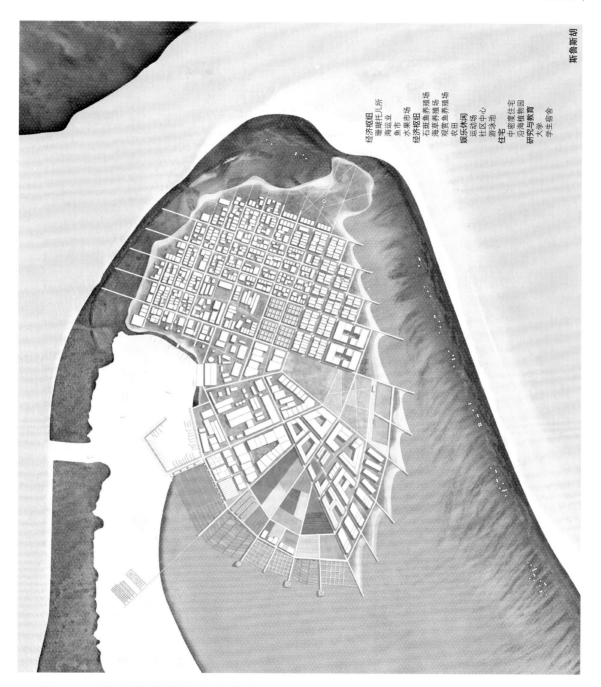

经济枢纽
珊瑚托儿所
海运业
鱼市
水果市场
经济枢纽
石斑鱼养殖场
海草鱼养殖场
观赏鱼养殖场
农田
娱乐休闲
运动场
社区中心
游泳池
住宅
中密度住宅
沿海植物园
研究与教育
大学
学生宿舍

图 1.10 这张总平面图是关于马尔代夫海平面上升和极端气候条件的论文的一部分。该论文研究的重点部分是位于礁坪内的珊瑚礁的再生问题。总平面图通过颜色的选择使用来表现这一关键组成部分，其中用蓝色表示礁坪。总平面图的基础图在 AutoCAD 中创建，在 Illustrator 中进行编辑，在 Photoshop 中进行渲染。集图案填充、纹理和航拍底图于一体的复杂组合被应用到背景环境中，并加强了设计的整体视觉表现。由梅根·埃索恩科（Megan Esopenko）制作。

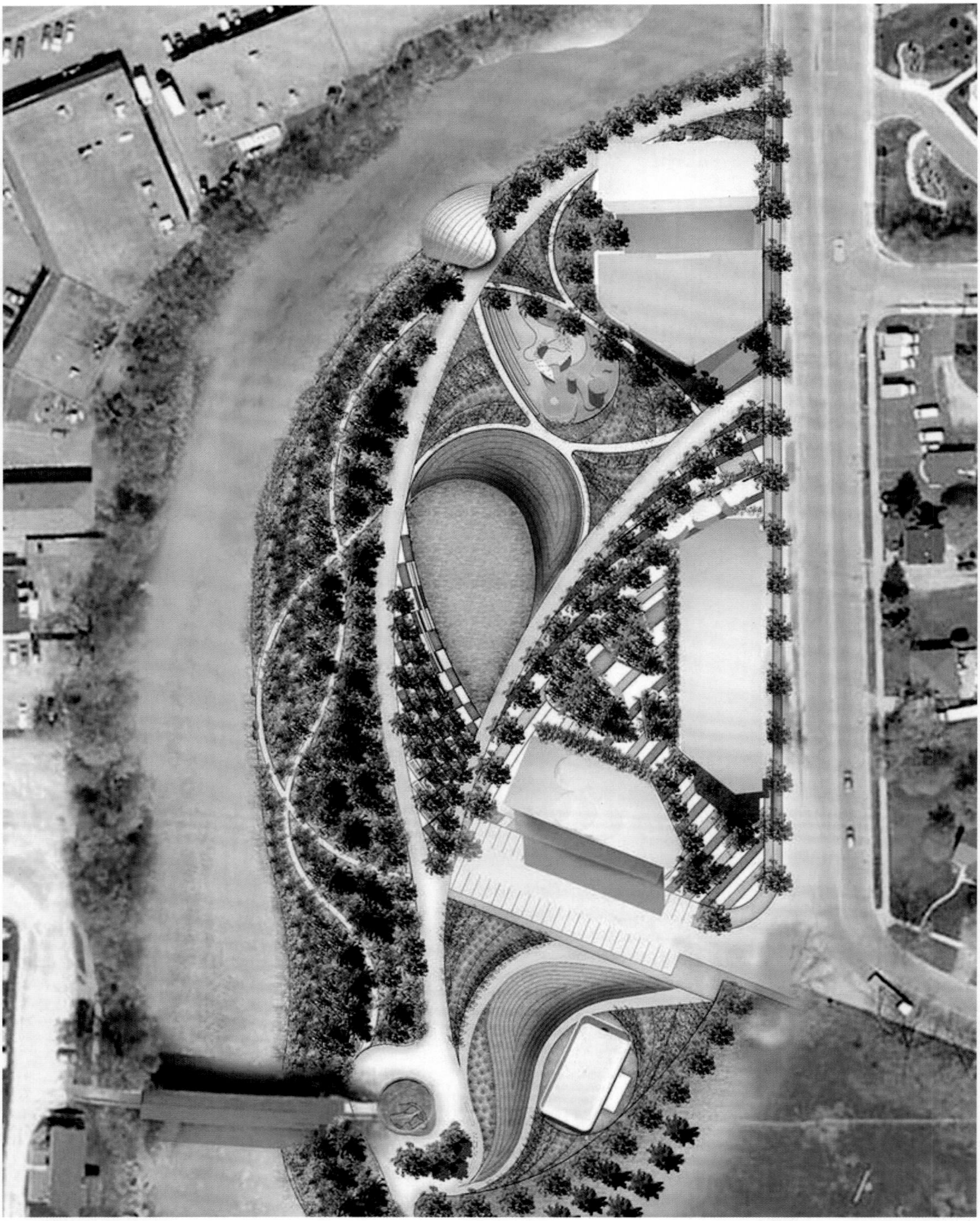

图 1.11 这是一个位于加拿大圭尔夫的公园设计项目，它的渲染平面图是用犀牛 3D 软件制作的，用火烈鸟渲染器（Flamingo nXt）进行渲染。最后的渲染技术，包括进行叠加纹理和添加颜色。其打光和滤镜都是在 Photoshop 中完成的。由亚当·帕特森（Adam Patterson）制作。

图 1.12 这是位于加拿大卡尔加里里覆盖在铁路基础设施上的人行通道系统。这个轴测图是在 SketchUp 中生成的，使用 AutoCAD 平面图作为模型挤压的基础。模型在 V-Ray 中进一步渲染，最后使用 Photoshop 技术完成，包括用其实现不透明度效果。由亚当·帕特森（Adam Patterson）制作。

图 1.13 这个立剖面图是用 Illustrator 绘制的。以数字模型为导向，完成了立剖面图图结构线条的绘制。使用 Photoshop 添加了冬季效果。由亚当·帕特森（Adam Patterson）制作。

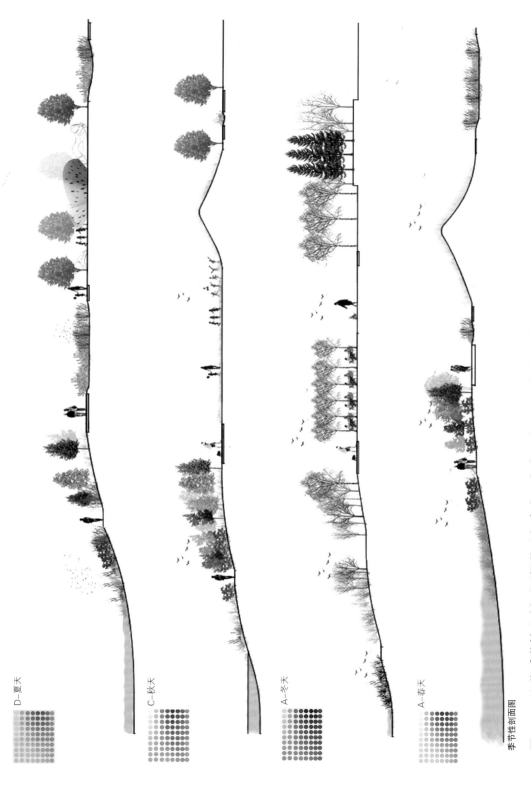

D-夏天

C-秋天

A-冬天

A-春天

季节性剖面图

图 1.14 这些季节性立剖面图描绘了加拿大圭尔夫河公园随河流流波动而发生变化的植被色块。图纸在 AutoCAD 中进行合成，在 Photoshop 中进行渲染。由亚当·帕特森（Adam Patterson）制作。

图 1.15 这张图片是在 SketchUp 中构建了一个基础模型。使用各种 Photoshop 技术和效果来表现缓慢流动的水体。其中包括了镜头模糊滤镜，用以制造"拉长"的反射效果；使用高斯模糊滤镜柔化植被、阴影和水体。由尼古拉斯·戈瑟兰（Nicholas Gosselin）制作。

图 1.16 这张图片是用 Photoshop 将原始图片和已找到的图片进行叠加而成的。使用图层蒙版把所需的景观元素进行理想化安排，使用过滤蒙版营造空间的氛围。由斯蒂芬妮·佩恩（Stephanie Payne）制作。

图 1.17 该项目的重点是要在多伦多的唐河谷创建新的人行步道连接，这将让人们有机会以参与性方式去体验恢复活力后的敏感生态系统。这个透视图是由一个基础图像组成的，从唐河谷(市区)向北看爱德华王子高架桥，并在 Photoshop 中叠加各种人物和植被的图像。使用的特殊技术包括图层蒙版、图层调整和混合模式，将过程中的各个图层组合在一起形成一个关系紧密的组合。由马特·贝罗特（Matt Perotto）制作。

图 1.18 林荫大道的"灭点透视图"是通过一点构造透视和远处的"幻影"建筑体来实现的。背景环境渲染成黑色和白色，与彩色的前景景观表面形成对比。这张图片用 SketchUp、V-Ray 和 Photoshop 合成。由亚当·帕特森（Adam Patterson）制作。

图 1.19 该项目在新奥尔良，焦点是处理洪水和灾害管理问题。这幅透视图展示了密西西比河沿岸易受洪水侵袭的湿地，并设想了风暴发生时的情景。用于生成这个透视图的技术包括 Photoshop 中各种图像的拼贴，这些图像叠加在天际线背景图上。为了实现雨的效果，使用了大量 Photoshop 笔刷覆盖在图上。由梅根·埃斯福科（Megan Esopenko）制作。

图 1.20 这个冬季场景透视图在 SketchUp 中创建，并在 V-Ray 中进行渲染，然后在 Photoshop 中对图像进行着色，并在 Photoshop 中添加配景。由沙恩·沃瑟曼（Shain Wasserman）制作。

图 1.21　这张透视图是使用数字模型为基础制作的，并在 Photoshop 中进行渲染。被抹去直边的照片增添了从照片到模型鲜明的过渡。由亚当·帕特森（Adam Patterson）制作。

图 1.22　这张图片是在犀牛软件中创建 3D 数字模型，并使用火烈鸟渲染器（Flamingo nXt）进行渲染，使用各种 Photoshop 技术添加冬季氛围效果。由亚当·帕特森（Adam Patterson）制作。

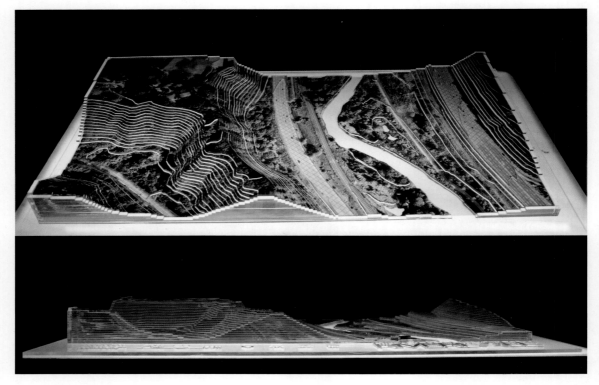

图 1.23 这个模型展示了多伦多唐河谷地区的地形起伏。它测试了如何在实体模型的表现中使用"光"。整个模型是用激光切割的有机玻璃制作的，地形的每个高程分别放置于各自的空中投影图像上，这些图像则打印在聚酯薄膜上。一旦组装好，模型会被放置在一个轻便的桌子上，有机玻璃和空中聚酯薄膜的结合产生了生动独特的最终作品，吸引了观众的注意力。由卡利·曼森（Kaly Manson）、罗伯特·麦金托什（Robert McIntosh）和马特·贝罗特（Matt Perotto）制作。

树的生成

一个林场，在森林中，在城市中

2013年12月22日，多伦多经历了其近代史上最具环境损害性的风暴之一。覆盖在城市树木上的冰的厚度达到了4cm，给多伦多市1000万棵树木中的200万棵（约20%）带来了无法修补的伤害。之后，整个城市设立了一个充满挑战的目标：要在未来几年内，每年重新栽种15万棵树木，以恢复城市树冠。采取这一手段的目的是要从直接从城市心脏中的树木生产和分布寻找新的和独特的机遇。通过利用未开发的可持续资源和对废弃基础设施的再利用，树生成可以实现在一个有效园地中，以低成本生产本地具有种植适应性和抵抗性树木的处理过程。栽种树木——为了更具适应性和抵抗性的未来的可持续性城市再生。

多伦多城区树冠覆盖面

20%损失

克罗瑟斯森林

土壤

| 12.5% | 87.5% |

北多伦多污水处理厂
每年大约生产750m³富含营养物质的生物废料
所需750m³（100%可用资源）提供总混合土壤的12.5%

疏浚
每年疏浚~35000m³
所需5250m³（15%可用资源）提供总混合土壤的87.5%

水分

| 100% |

西人超市屋顶+停车场雨水
每年可能收集到13182.6m³的雨水
所需2351.9m³（18%可用资源）提供100%灌溉

北多伦多污水处理厂
如遇干旱，每天可有大约34000m³的有效水分

空间

| 36.7% | 23.7% | 39.6% |

污水处理区域
具有13218棵树木栽种潜势（~11760m³的最大生长面积）

杨木公寓
具有8498棵树木栽种潜势（~7980m³的最大生长面积）

阳光谷
具有14294棵树木栽种潜势（~9740m³的最大生长面积）

36000棵树木
任何时候都在成长

北多伦多污水处理厂

西人超市
泥土搅拌

配电中心

污水处理区域

处理

混合

生长

运输

恢复性种植

北多伦多污水处理厂产生的生物废料重新利用，并将其与从唐河下游挖来的沉积物相结合，生产出高营养的土壤。然后可以直接用于从城市内部种植本地树木，并用收集的雨水进行灌溉。这些树木可以很容易地被运输到最需要它们的地方，通过重新利用废弃的铁路基础设施，这些铁路基础设施贯穿了方案中的场地。学生们使用了大量的资源，包括多伦多市的地理空间数据，并使用ArcMap，AutoCAD，Illustrator，Photoshop和小型静物插图等进行了图片组合处理。各图片组合又使用InDesign进行再处理。由马特·贝罗特（Matt Perotto）和梅根·埃索思科（Megan Esopenko）制作。

图1.24 图中展示了2013年12月22日毁灭性的冰暴之后，重新种植和培育多伦多城市树冠的可持续替代方案。该方案建议将多伦多

贝蒂·萨瑟兰公园

新宁公园

欧尼斯特·汤普森·塞顿公园

欢喜山

常绿砖厂
大卫·巴尔弗尔公园

切斯特泉草地
玫瑰谷
河谷公园

堂河下游

堂河下游地段

波特兰

皇后码头

樱桃滩

潜在新树分布

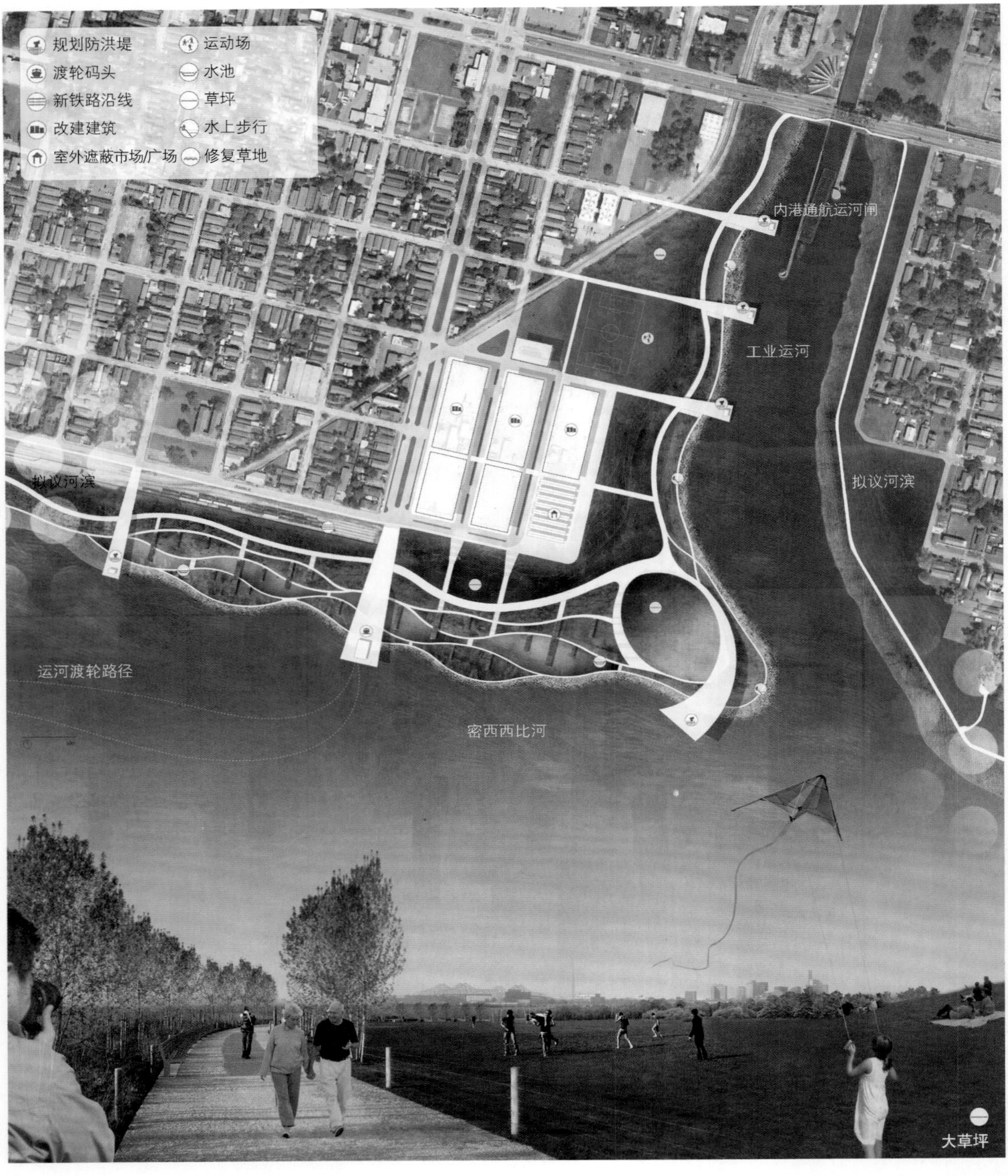

规划防洪堤
运动场
渡轮码头
水池
新铁路沿线
草坪
改建建筑
水上步行
室外遮蔽市场/广场
修复草地
内港通航运河闸
工业运河
拟议河滨
拟议河滨
运河渡轮路径
密西西比河
大草坪

图 1.25 这张图结合了方案的两个部分：场地总平面图和透视图。将一幅图像溶解到另一幅图像中，产生了视觉上极为醒目的诠释性画面，吸引人们既要去发现其中技术的部分，又想去探索体验的部分。总平面图的底图用 AutoCAD 制作、Illustrator 编辑，并用 Photoshop 渲染。这个透视图是用 Photoshop 创建的。然后在 Photoshop 中使用各种操作将图像组合起来，包括克隆图章、不透明度、覆盖和笔刷。由梅根·埃索思科（Megan Esopenko）制作。

2 数据景观：作为景观载体的地图和图表

安德里亚·汉森(Andrea Hansen)

在景观设计学的背景下，什么是地图和图表？为什么景观设计师要使用它们？图表是为了达到交流的目的而对信息进行符号表示。对于景观设计师来讲，这可能意味着复杂实体系统的抽象化，时间变化的可视化，输入或输出的内部互联网络，或者对设计概念的解释。与此同时，"地图"这个词，虽然在大多数人的头脑中通常会想象成一种制图投影法，但在最广泛的意义上，它实际上是图表的同义词。当我们把地图作为一个动词，字面的意思是在一件事和另一件事之间建立一种联系，很明显地图和图表都仅仅是为了信息视觉化的分析类地图（地图术）。

地图和图表有两个共同点：把复杂的事物抽象化或简化，以提高明确性，并选择适当的可视化方法。后者（可视化方法）直接服务于前者（明确的交流），正如雅克·贝尔坦（Jacques Bertin）在《图形符号学》中所写的："图形的表示构成了人类大脑为存储、理解和交流基本信息而构想的基本信号系统之一。"简单地讲，图表共享的是一种通用的视觉语言，由单独的元素（轴、图例、符号、网格、标记和其他类型的内容）组成一个受规则驱动但又无限灵活的词汇表。由于先天和后天的培养，当看到一个类型熟悉的图表时，我们就已经可以了解其图形语言和每个结构所要传达的信息：当我们看到一个条形图，就知道，这些条形与它们的轴之间存在一个线性关系；当我们看到一幅地图就把它理解成是一处真实或虚构的地点在尺度缩小后的表现。

不去把这两个术语分成两类看待——地图具有空间性，而图表没有——而是将它们结合在一起，这样可以启发我们能够想到的表现形式，在空间、时间、信息和设计之间建立起更有趣的关系。鉴于景观设计学必须要理解空间和时间，以及它们之间的亲密和动态关系，因此这些被看成是数据景观的混合图表最具有塑造这个行业的潜力。

巴特·洛茨玛（Bart Lootsma）把数据景观定义为"会影响、引导或调整建筑师工作的所有可衡量力量的可视化表现"，它包含了所有可能为场地设计提供的内部和外部信息。现在，我们手中掌握着大量的数据——实时天气预报；详细描述街道、建筑物和基础设施的地理信息系统层；甚至推特（Twitter）和其他社交媒体流提供的对集体心理状态的洞察——如果数据景观想要完成有效表达，那么编辑就变得至关重要。贝尔坦在 2003 年的一次采访中言简意赅地表达了这一点："数据被转换成图形来进行理解。一张地图、一个图表成为可以被查询的文档。但是，理解意味着整合所有的数据。为了做到这一点，就有必要将其缩减至少量的基本数据。"

就像编辑问题会引出作者身份问题的探讨，同样当讨论数据景观时，解决载体问题也是非常重要的：数据景观具有提出主张、为作者的信念提供依据的能力。载体也暗示了其受众。受众的构成值得去仔细考虑。从历史上来看，景观设计师和建筑师主要都会考虑三个受众：他们的客户（图表作为展示工具），他们的承包商（图表作为解释工具），以及他们自己（图表作为设计工具）。然而，当数据景观在向公众进行清晰表达时，它的表现最为出色，它提倡设计的临界性。詹姆斯·科纳（James Corner）在他的前沿性文章《生动控制和新景观》（*Eidetic Operations and New landscape*）（强调我的观点）中写道：

> 同样地，当代城市设计师开发了一系列他们称之为"数据景观"的技术。这些都是对传统分析和量化地图及图表的修正，这些地图和图表揭示和构建了在一个特定场地内运行的力量和过程的形态。这些意象不仅具有建设性，暗示着新的空间形态，而且它们的构建如此"客观"——从数字、数量、事实和纯粹的数据中衍生而来——以至于它们在当代城市设计庞大的官僚决策和管理方面也具有强大的说服力。它们与传统规划的量化地图相比，其不同之处在于，数据的成型是有意识地使用修饰性和衍生性工具的方式进行的……与传统数据地图的假设性和被动中立性不同，数据景观以一种生成新颖和创造性解决方案的方式对给定的条件进行重新表述。

为了更好地说明数据景观的设计载体，将重点介绍三种类型的混合型数据景观，它们通过融合多种类型的度量标准，超越了静态地图或图表：处理型数据景观、时空型数据景观和定性－定量型数据景观。

处理型数据景观

设计是一项复杂的任务，在最好的情况下，它为复杂的问题提供了优雅而简单的解决方案。在描述实现这些设计解决方案的思维过程时，佐佐木英夫（Hideo Sasaki）指出了思维过程中的三个阶段：研究、分析和综合。佐佐木认为，这正是"将关系的复杂性连接成一个空间化组织"的终极任务，"将设计师与工程师或技术员区分开来"。 接着，综合设计图，从工程图中优化分离出来，由此诞生了处理型数据景观。从勒·柯布西耶（Le Corbusier）——众所周知的程式化空间"气泡图"（bubble diagram）的鼻祖，到塞德里克·普莱斯（Cedric Price）——每个人都在使用这些图去诠释穿越于建筑空间中的移动过程。哈佛大学设计学院的学生们从这些和其他先例中获得灵感来说明复杂、多阶段的设计过程，范围涵盖从精细尺度到全局尺度，其中包括真实过程和假设过程。

时空型数据景观

景观既与空间紧密相连，也与时间紧密相连，而前者对后者的影响不言而喻。日、月、季的流逝会影响材质的耐候性，而每日、每周的循环则会产生可预测和不可预测的日常活动模式。空间和时间之间的关系在景观绘图中已紧密结合，以更好地理解景观的价值和用途，比如劳伦斯·哈普林（Lawrence Halprin）的作品《收到请回复——人们在环境中的创造过程》受到舞谱启发，通过"发展变化"的研究来衡量和编排景观绩效。除了运动和活动的微观时间尺度，时空型数据景观还可以测量一个地点的地质、生态和文化历史状况，以及它未来计划的各阶段，正如哈佛大学设计学院学生们的作品所展现的一样。

定性-定量型数据景观

景观设计学作为一门学科的独特之处在于它的物质性和时间性。用一系列暂生性的纹理和刺激元素，以同等的方式影响着人们所有的感官。从概念上讲，景观设计图必须努力记录下这些所期望达到的感觉，以及组成它们的精确指标；因此，定性-定量型数据景观是一种混合型数据景观，它既具有说明性，也具有测量性。詹姆斯·科纳（James Corner）和亚历克斯·麦克林（Alex Maclean）合作的《测量美国景观》中的拼贴图就是这类绘图很好的参考，它们都是现场测量加上标注，以及平面图、剖面图、透视图中的摄影元素。这些技术和其他技术在哈佛大学得到了很好的应用，借助 Rhino、Grasshopper 和 Illustrator 等数字设计软件的互操作性，实现了分析性绘图和说明性绘图之间高度复杂的融合。

随着场地变得越来越大且越来越复杂，景观设计师有越来越多的机会通过内在机制来转变意见的交流和原则。然而，图表和地图（数据景观）在促进这一机会方面的作用不应被低估。通过可视化和清晰化空间、时间，定量和定性信息之间的关系，数据景观既是生成主体又是交流主体。它们不仅仅是展示工具，还在设计过程中发挥着积极的作用，帮助设计师思考概念、做出决策，并理解不同的系统如何相互关联，以及如何与形式、体量和材质相关联。但或许更重要的是，它们在设计师和公众之间起到了重要的桥梁作用，将复杂的理念带入生活，并巩固了设计在应对当代重要挑战方面的作用。

本章样例如图 2.1~图 2.6 所示。

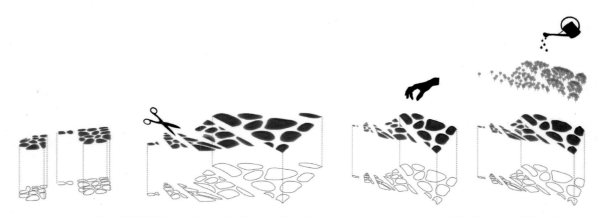

图 2.1 这个简单的图表是对由克劳德·科米尔（Claude Cormier）和珍妮特·罗森博格（Janet Rosenberg）设计的多伦多 HTO 公园进行数字化重构的设想，使用清晰的图表来代替文本，以便即时阅读。由尼娜·蔡斯（Nina Chase）制作。

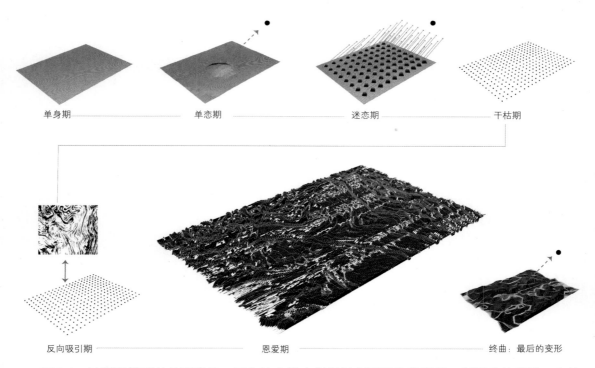

图 2.2 过程图并不总是严肃的，正如这个让人觉得异想天开的数据景观所展示的那样，它使用叙事细节来讲述综合化景观过程的故事。由安妮·韦伯（Anne Weber）制作。

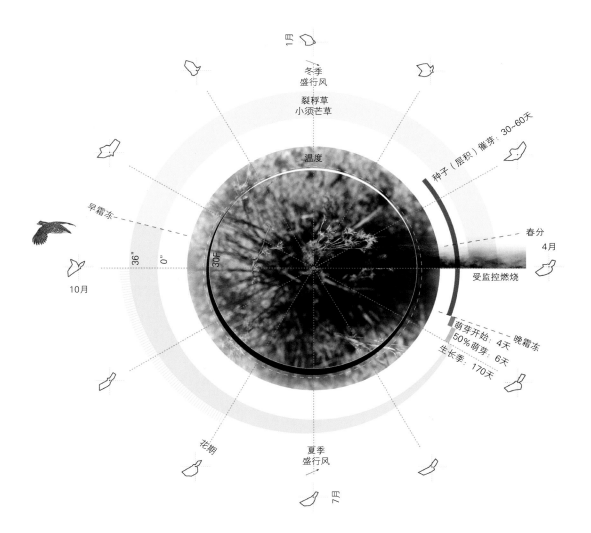

图 2.3 空间和时间可以被循环地进行诠释——在这种情况下，使用圆形或螺旋形就能很好发挥作用——如图 2.3 所示，小须芒草因风向改变而季节性地散播种子。由丽莎·卡普兰（Lisa Caplan）、李文玲（Wenling Li）和迈克尔·凯勒（Michael Keller）制作。

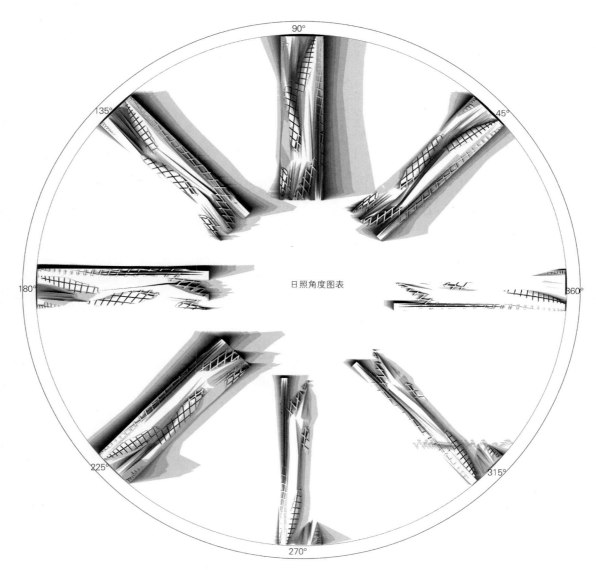

图 2.4 太阳、风和其他重复性环境模式的循环图则得益于一个连续且递增的形式。在这种情况下，3D 模型的平面图以 45° 的增量旋转，以展示同样的规则式设计如何经历差异巨大的阴影模式——以及由此产生的微气候——这取决于它的方向。由肯·崇武（Ken Chongsuwat）、叶子浩（Tzyy Haur Yeh）和汉斯·詹德（Hannes Zander）制作。

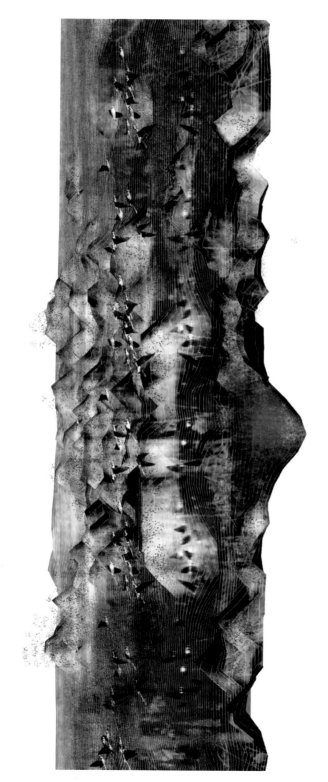

图 2.5 比如在这个由连续剖面轮廓叠加而成的关于海洋群岛的推测性剖面中，生动的色彩和纹理搭配线条相叠加的效果让人惊叹不已。较深的颜色使叠加层次突显，而细细的线条就可以确保纹理清晰可辨。由加布里埃尔·罗德里格斯（Gabriella Rodriguez）制作。

指定的燃烧适度性

指定草原燃烧整体适度性

燃烧适度性
植被放式

燃烧适度性
水路

燃烧适度性
风况

燃烧适度性
基础设施走廊

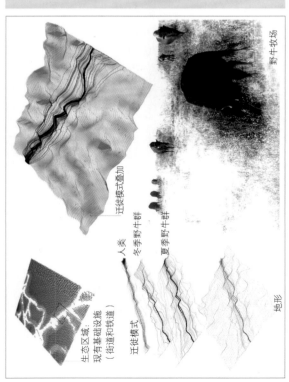

野牛牧场

迁徙模式叠加

人类

冬季野牛群

夏季野牛群

生态区域:
现有基础设施
(街道和铁道)

迁徙模式

地形

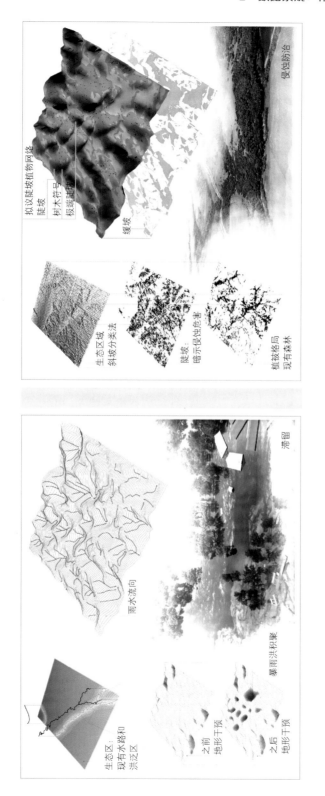

图 2.6　在这一系列的数据景观中，通过摄影图像的添加，把受到刻限制的技术图变得生动起来。位置一致，尺寸相对较大的照片和具有衔接性的调色板，使图组具备了良好的"宏观"可读性，而详细的技术图从两个不同的尺度揭示了更多"微观"的信息。由达亚·施图茨（Daia Stutz）制作。

3 超细化图面标注的拍摄

伊娃·卡斯特罗（Eva Castro）和费德里科·罗伯托（Federico Ruberto）

我们把地图术和图表理解成其既具有探索性又具有积极性，可以用来帮助人们在设计过程中获取大量的关键信息。为了将环境、社会、经济、地形和地理参数转化成为既定机制，从而达到能够揭示隐藏关系的目标，必然要扩大地域解读的范围。

图面标注被理解为地域内的一个混合体，它认可地域中固有的梯度、等级和层次，从而促进地域中各方进一步的互动和操作。这样就形成了一种方法，可以从根本上去讨论各种关系所带来的影响，而不是简单的对隔阂部分进行弥补。它是指向"超细化图面标注"定义的一种特定操作流程，而"超细化图面标注"本身很难单独定义，因为它总是与地图、图表和图面标注相关。

如果要设想出一种有关地域理解的结构，那么我们可以将这个结构概念化为一个三面交织的系统。首先，"地图"占据了第一层，用具有直接描述性的方式探索地域；在第二层，我们找到一个综合操作体，它穿梭跳转于"图表"和"图面标注"特质之间。它真实又具有分析性。它把对感兴趣的领域和主题进行定位变成了可能，使其可以被归纳并以此建立相应猜想。第三层是"超细化图面标注"：前几层的最终合并，也整合了前者的逻辑性。在具有启发性的同时，它也是在地形和系统"指导"能力的基础上，做出的一种"反映主观的"努力。

如果这种做法一开始是被肯定的，从根基上经两个维度确认，并就其本身而言又可进行计算和数值量化，那么最终它从本质上来讲就是无形、宽泛、无限、主观并完全真实的人类实践。因此，图面标注的过程既是一种记录，也意味着奇点的出现——原始的奇点。

新空间的主要特点不是要把"客观"作为现实主义常提到一个幼稚的定义，

而是要有视觉上的一致性。这种一致性包含了"描述一切的艺术",以及从一种视觉痕迹去到另一种视觉痕迹的可能性。

地图和图纸呈现出的是一个有组织的符号系统,是时空标记的符号组合。正如拉图尔(Latour)所认为的那样,它们的组合潜力——功能性与合作性——在某种本质上是相似的。图纸之间必须相互关联才能产生联系,因此它们需要具备一种特殊的、符号学上的"视觉一致性"。这种一致性只有通过采用表现技术才能实现,而且这种表现技术不但不会加剧差异化,反而会揭示出其中的相似之处,显示出新的强度。图面标注信息和二维刻印是可以,也应该是可以组织、描述、移动,并且可以组合的,以此实现从一个层次到另一个层次,从客体到主体再到物质的转换,构成"理解"的"根据"。

图面标注与超细化图面标注之间的这种过渡是作为一个连续体或行为区来维持的,这既是使(次)构造地面成为空间组织的手段,又通过反馈和重新调整返回到对象-地图-地域。

三维表现

通过单独在纸上和易碎的刻印上开展的工作,当然刻印所提炼出来的内容远远少于其出处,对所有的事物和人进行支配仍然具有可能性。对所有其他文化来讲有意义的象征成为最重要的,也是现实中唯一重要的方面。通过对各种刻印执着且专一的运用,可以转化为最强大的表现手法。这是我们通过遵循所有结果中的可视化和认知这一主题而获得的观点。

这种对地域绘制的过分控制有着很长的历史。在这种情况下,地域往往被浅薄化,从它的物质性、释放性和固有信息中剥离出来,以加强对它的控制。这幅图本身已经被用来作为一种工具,通过无休止的分割来加倍控制其坐标位置范围。我们力图挑战这种把空间只看做是空间本身的理解。这种理解仅认为空间是一种没有任何实质特殊性的消耗性物质;在促进人类实践过程的追求中,质疑绝对空间以及客观的空间,才能够"重新获得"对土地的认识,并追寻它的意义。

这就使我们必然要去寻求不同的生产方式,也许这种生产方式起源于对空间的一种更关系化的理解,能够在不抑制其价值的情况下,渗入到地域的广阔性中,反映出在所有地域尺度上进行运作的新优势,摆脱自上而下的统治和规则,促进新的多标量约定的形成。

那么,在分析、描述和形成地域的过程中,为什么我们觉得有必要从二维的纯粹性向三维的复杂性转变呢?

模型照片展示了对"图面标注属性"理解的转折。模型层次的图面标注三维性表现出互动性和解释性的特点;两个寄存器的视觉和知觉的同步性、平面刻印和材料厚度使我们能够将潜在的关联成倍实现,比其他任何表现形式都具有更大的"关系"潜力。

正是三维设备所具有的引导可能性,增强了空间的思维能力,否则通过二维表示是不可能实现这个复杂性的。

物体的几何形态显示在空间中的不同高度——在一个特定的稳定水平上,这是由之前的二维化解释导出并转译而来的,是时空上的重新组合。层与层之间的元空间具有生成性、创造性、密集性；它构成系统的互联性，通过其间隙生成了作品的图表机制。

模型的物质性中有着潜在的"飞行线"，而设计师的创造潜力正是从这些"飞行线"中萌芽的；层与层之间潜在、虚拟的，但又具有所见即所想可能性的联系改变了我们处理该地域的方式。它不再是单纯的描述，而是一种建立在揭示认知反映主观的特定物质基础上的视景。

时空界面——摄影技术作为最终的图面标注入口

我们以对照片进行刻印的形式呈现模型。因为正夹杂在事实－可证明性与实效性、主观性与客观性之间的批判环境中，摄影技术是一种正经历着一场相当激烈的争论的手法。这里展示的照片是一系列进行了合成和标量抽象化的最后一步。空间地域的建模从系统的真实物质性到绘图的二维性，再到层状模型的抽象三维性，最后通过光照和相机进行过滤处理。材料、灯光、符号、图画、地图、图面标注都与对照片的平面空间性和"符号一致性"的定义有关，在大多数情况下，这是经过光线的差异调和与识别后，不同时间刻印的重组。

其结果是对一个精心设计的分层空间间断次数的"历时性分析"，是时间临界值，是描述性、说明性和投影性之间，表现性和生成性之间的边界模糊化过程的轨迹体现。

这是一个具有几何性视觉化参考的"表观遗传学景观"，一个有意或无意的附带现象，一种符号系统的解构-重组-结构；一种设计好的规则，一种抽象的机制，它不仅用来进行表现，而且可以连续地组合并生成一种"精确的并具有原（照片）几何性的"真实写照。最后的照片输出是进行了编码数字符号合成以及类比跟踪的双重图面标注，它让我们看到处在危急地域谜团中的一道光芒。

本章样例如图 3.1~图 3.8 所示。

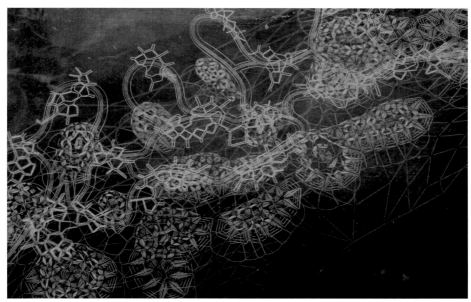

图 3.1 原始考古遗址。这张照片揭示了某个考古遗址的现有层次，包括以前进行充分挖掘的旧痕迹，呈现出现有地形上的差异。由李文玲（Wenling Li），王晨宇（Chenyu Wang）和周林（Lin Zhou）制作。

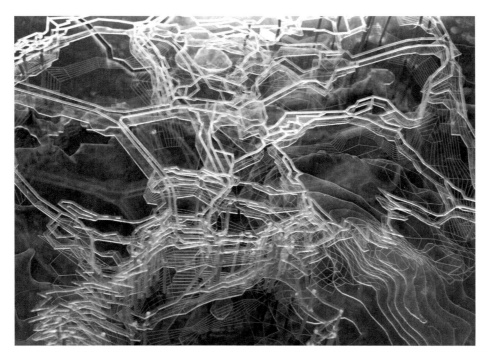

图 3.2 循环。相互连接的层次——行人、自行车和汽车——从"网格"中显现出"强化痕迹"——土地利用、地形和土壤生产力潜力的综合结果。由沈思思（Sisi Shen）、王汝云（Ruyun Wang）和王佳妮（Jianiv Wang）制作。

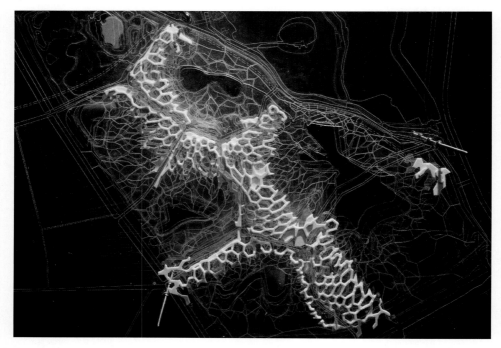

图 3.3 集群。顶部快速成型的层次——主要是住房和社区相关服务——是下部四层的具体化：污水导流、地形、太阳辐射和农田优化。由吕辉（Hui Lyu）制作。

图 3.4 夏季支流。放大农业用地，通过生产模式和灌溉基础结构线的区分来使之明确。由朱怡君（Yijun Zhu）制作。

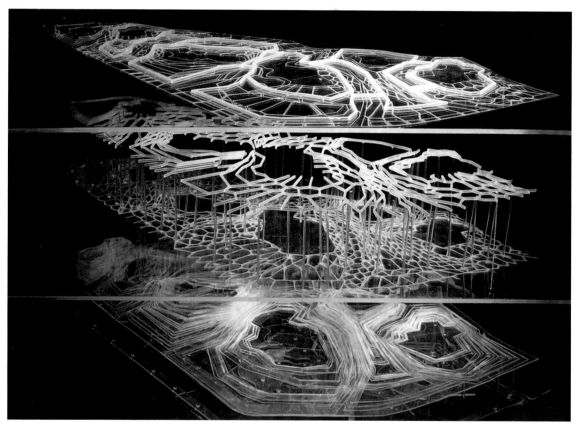

图 3.5 编织花园。图片显示了场地的形态——规划分层。从新规划的水库到农业和体育相关设施，行人通道和自行车道，成果图片显示了经优化计算的土地性能和学生的社会驱动性设计议程相结合的混合型美学。三合一"地图"（描述性）、"图面标注"（指导性）、"超细化图面标注"（投射性）显示了如何将地域系统构建为一张由"关系"、标量和以时间为基础的操作组成的网。由凯瑟琳·李（Catherine Lee）制作。

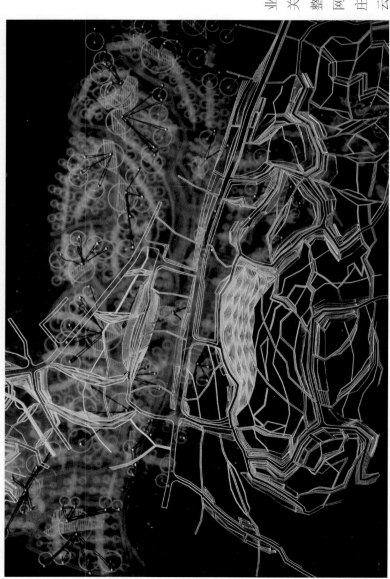

图 **3.6** 生产流。表示底层农业用地生产力和土地可达性之间关系的图面标注模型，以及上层整合了配套水系的新设计的道路网络。由张钱玉（Qianyu Zhang）、庄一章（Yizhang Zhuang）和李云云（Yunyun Li）制作。

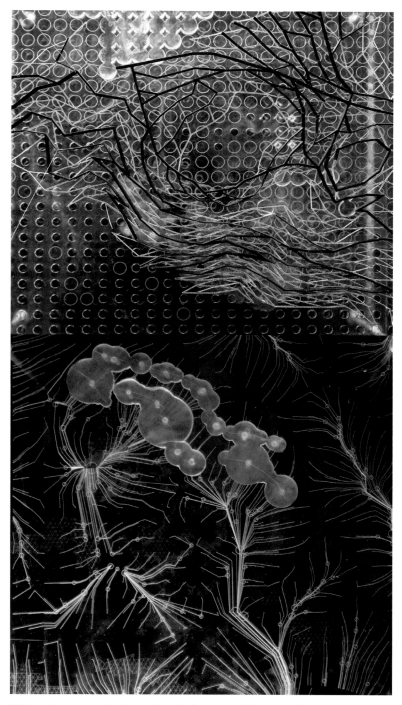

图 3.7　农业肌理（一）。顶部的两个网格作品，在特定的高度相交织，并只在特定具体的位置进行连接，是图面标注确定型的斜坡，定义了地形可达性；它们与下层中出现的两个重叠的领域具有物质性和几何性上的一致。下面各层圆圈的图解型区分代表了土壤和空气污染的指数分析。由曹木（Mu Cao）和万婵红（Chanhong Wan）制作。

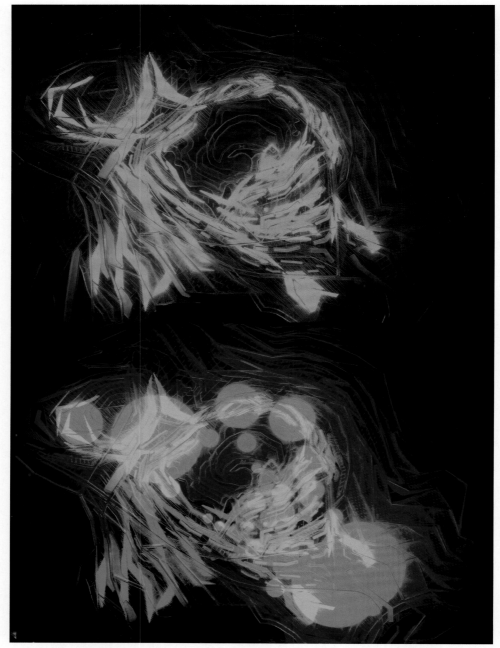

图 3.8 农业肌理（二）。这组图像使用了多种摄影曝光技术对 24 小时内不同时间产生的空间条件进行折叠处理，提出了对项目中出现重叠的某些区域的多重规划。突出显示的区域揭示了可以强化的物质性层面的邻接关系，从而可以形成一个更稳固的系统，同时显示了进行深入激活的潜力。由于所配置的媒介，这些邻接关系可以完全从三维的角度加以解读，从而使人们能够在多种尺度上进行思考，从传统意义上来讲，这些尺度在规划中是处于隐匿状态的。由曹木（Mu Cao）和万婵红（Chanhong Wan）制作。

4 地图术和场地提炼

詹姆士·梅尔索姆(James Melsom)

地图术主要可以理解为个体的认知过程和个体与地点之间产生的关系。因此需要对这些地图背后隐藏的信息进行提炼、描述和表达，也就是地图的可视化阶段开始了。当它被可视化时，地图中记录的每个示意都经过了筛选、重新分配和优先级排序；是有意识的还是无意识的。而令人矛盾的是，虽然地图往往被认为是最客观的文件之一，但必须根据其基本的选择性和主观性的形成过程来理解用地图术制图的过程。

地图术的教学过程已成为苏黎世联邦理工学院（ETH）的景观设计学教育的一个重要组成部分，它旨在改进设计任务中的概念推理，并在复杂的决策过程中游刃有余地起到作用。由克里斯托弗·吉鲁特（Christophe Girot）教授和阿德里安·尼格雷·特雷盖米（Adrienne Grêt Regamey）教授创建的跨学科景观可视化与建模实验室（LVML）旨在将景观设计学和规划的范围扩展到一个多标量的水平，能够在细部尺度和地域尺度内同时进行运作（图 4.1 和图 4.2）。

这一转变促成了跨学科景观可视化与建模实验室（LVML）和景观设计学院在教学和研究方法上的重大转变，也导致了最终项目和专项课题设计研究工作室论述产生了独特的反应。我们的方法和工具可以获得越来越多的数据模式，访问越来越多的站点信息，因此也要鼓励学生们培养出一种健康的数据质疑态度。场地分析应该始终以基本的设计问题为指导。当这个设计问题被重新定义和细化时，设计响应的复杂性、细微差别和技术问题仍可以保持结构化，并与最初的设计灵感和前提紧密相连。

通过这种方式，关于设计项目过程的制图数据处理就可以看成是带有各种现有、模拟和设想的数据源的设计器之间的对话。

地理设计学科的发展处于这样一个阶段：为了精确解答越来越复杂的设计问题，对数据的操作不仅成为一种可能，而且成为一种必要（图4.3）。

一项重要的研究工作是同步地平线项目，该项目中的环境数据由学生与一架无人机（UAV）在不同的视野下同时进行收集，创建出一个无形场地的空间时间模型。这种空间数据收集的适应性模型使人们对场地的批判性理解超越了传统的规划模型。

绘制所知

在设计过程中，对场地和项目概要的第一直观感知是开展后续过程的基础。为了将对场地的独特空间和文化的回应与预先定义的经验数据［如计算机辅助设计（CAD）和地理信息系统（GIS）］结合起来，学生们使用了各种方法，试图结合和提炼普遍不同的灵感和方向的来源。

正如Processing编程语言的创始人之一本·弗莱（Ben Fry）所描述的那样，各种各样的数据收集、处理和传播模式可以从创造性和科学性的领域中进行识别，它们往往以周期性、非线性的方式发生。因为我们能认识到如何获取、过滤、区分优先级和关联数据的重要性，设计师能够参与并控制越来越复杂的场景。将第三方数据与设计师的经验和现场的直观感受相结合，形成设计分析的综合阶段。然后将模块的教学和研究工作与研究员伊尔玛·赫斯肯斯（Ilmar Hurkxkens）的计算机数控（CNC）建模模块相结合，让学生们将他们的地图投射到场地的地形上。当与动画结合时，对于景观系统共生本质进行丰富而详细的论述就成为可能（图4.4和图4.5）。

深入数据研究

一个特定的课程模块正专注于研究景观设计中进行编程的可能性——包括构建定制的、项目导向的工具，以及进行"编程推理"的可能性——这是一种有系统的、专门性的解决问题的方法。利用编程进行可视化试验是一个处于发展中阶段的景观方法，用于解读场地潜力以及缓和相对严谨的制图概念（图4.6）。

通过Processing平台，讲师皮亚·弗里克（Pia Fricker）和乔格·曼克尔（Jorg Munkel）鼓励学生们直接利用景观设计网站上的所有数据进行试验，尝试"制图"本身的可能性和边界。学生们所应用的Processing是一个灵活的平台，可以对数据进行图形化调查、过滤、提取和数据比较，同时还可以灵活地进行抽象的图形化引用（图4.7）。

设计提升

作为景观设计师，相对于场地来讲，我们和场地之间的关系已经发生了重大转变。随着设计项目的发展，我们与场地的关系也在不断发展，我们对获得更深入具体的理解的需求也在不断发展。曾经不被重视的场地重访已经演变成对生成我们自己的模拟化和数字化数据的促进，以便与现有的数据源（如地理信息系统、环境天气波动和行为或移动数据）进行整合。特定项目的数据的最终生成可以是任何可能的方法——传感器、图像、抽象，但要注意必须细化设计问题，而不是扩展其范围（图4.8）。

通过配置特殊的传感器和环境测量的其他方式，设计师可以通过它们的移动和特定项目调查来绘制无形的场地。学生们在之前以设计为导向的场地制图调查的基础上，学习了基于 arduino 传感器的方法和使用，以及环境测量和设计应用的其他工具的开发。作为试验的控制和参考工具，实时反馈的必要性让学生们能够随着场地访问过程的进展来调整他们的数据收集策略（图 4.9）。

转变测绘面

赋予设计师操控并创建自己的数据的能力是一项根本性转变。这个转变引发了景观设计在建筑环境中的作用和范围的根本转变。直观的数据交互、投影和动画的发展所带来的清晰启示也为景观教育中地图制图和地理设计给予了明确启示。

印度尼西亚雅加达正在进行的吉利翁河项目在一定程度上证明了这一点。由于在组合制图、模拟和可视化领域的发展，景观设计学的学科边界得到了扩展。城市空间设计和地理设计应用程序也被开发出来，用以提升现有的城市模型和城市结构的可持续性。城市景观的动态性特点反过来产生了其自己的数据和功能，为城市发展创造了生成替代性模型的机会。

地理设计和相关概念的出现伴随着空间设计领域的几个基本转变，例如数据的地理定位和开源、可定制硬件和软件系统的出现。在处理动态景观系统时，动画绘制所有地图而不是生成静态的领土类地图过程的策略既具有教育意义，又是一种自然趋势。在跨学科景观可视化与建模实验室（LVML），大家面临的挑战仍然是研究用以不断测试学科边界的方法，并从根本上增强设计人员的能力。

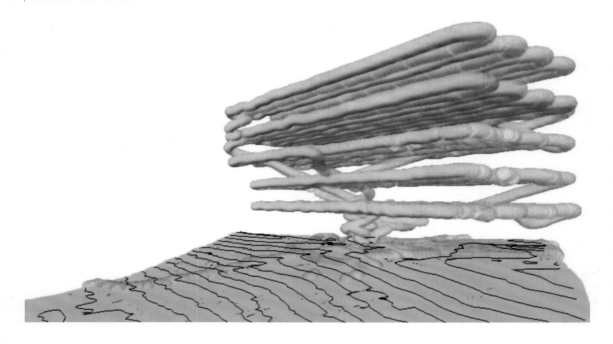

图 4.1 和图 4.2　这些图像来自于同步地平线学生工作坊。学生在地面移动传感器，绘制详细的场地区域，然后由安装在无人机上的传感器进行扫描（图 4.1）。对所得数据进行改进，显示现场湿度水平的局部差异的时间模型（图 4.2）。这些图像是使用 Grasshopper 和 GHowl 插件在犀牛软件中生成的。由路易斯·弗拉瓜达（Luis Fraguada）制作。

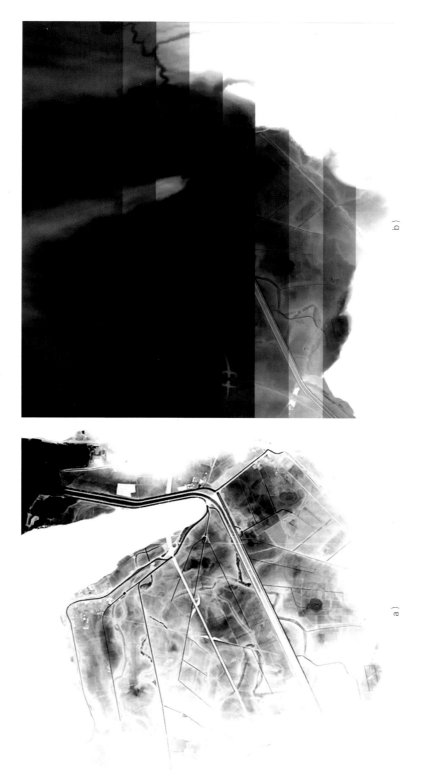

图 4.3　学生对林特河平原场地的拓扑结构的早期分析，开发对数制图过程来理解场地的微观地形（图 4.3a）。得到的地层细化为 2m，揭示了平原的历史水文变化（图 4.3b）。SAGA GIS 和犀牛软件的结合使用以生成演示的内容。由安耶洛斯·可姆尼诺斯（Angelos Komninos）和长谷川真希（Maki Hasegasa）制作。

图4.4 通过对林特河平原的微地形与周边山地地表水网络的变倾斜度的对比，了解切换的底层系统和水的动态分布。利用犀牛软件和Grasshopper制作地理信息系统（GIS）和拓扑数据，生成实时动画。由亚历山大·罗林（Alexandre Roulin）和阿尔基罗·西奥多罗普卢（Arguro Theodoropoulou）制作。

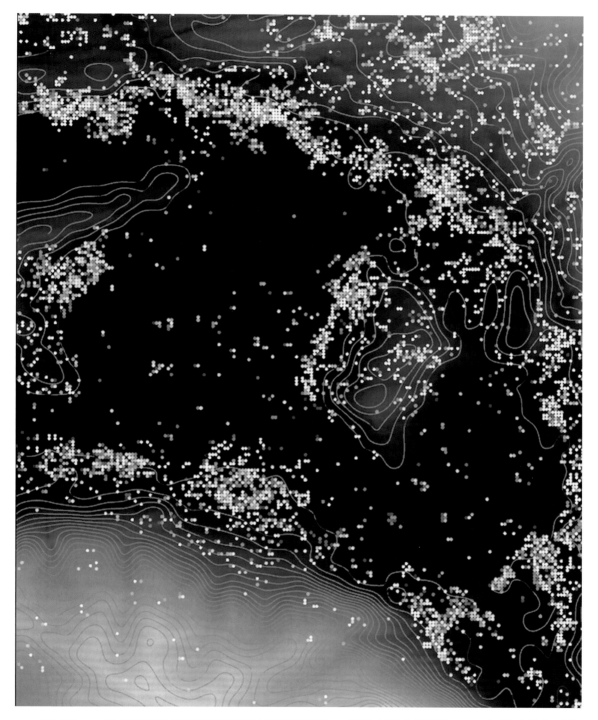

图 4.5 山谷中住宅的发展随着时间的推移而变化，显示出城市扩张和 1800 年以来的相对沉降历时。利用犀牛软件和 Grasshpper 来分析预处理的历史规划图像和 GIS 输入的组合。由萨法·普里夫提（Sofia Prifti）和穆罕默德·阿卜杜勒·瓦哈布（Mohamed Abdel Wahab）制作。

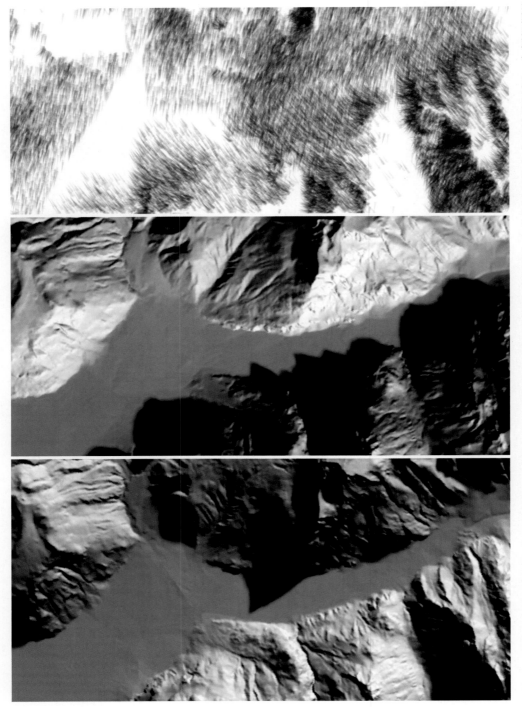

图 4.6 由于现场观测到的极端阴影条件，对阿尔卑斯卑山谷进行分析，以确定阴影在山谷中投射的方向和持续时间，本例根据的是典型的 3 月 21 日太阳运动。在处理过程中生成的动画显示了对常见数据源进行抽象解释的潜力。由沃尔夫冈·诺瓦克（Wolfgang Novak）和塔索斯·罗伊迪斯（Tasos Roidis）制作。

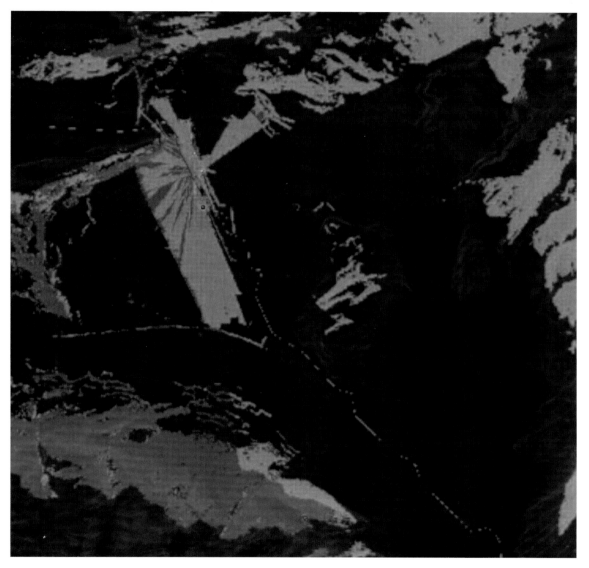

图 4.7 使用 Processing 来生成一个实时的"视线"工具，它显示了林特河平原内某些景观结构的可见性，例如水、森林、基础设施以及它们与观察者之间的距离。由安耶洛斯·可姆尼诺斯（Angelelos Komninos）和阿尔基罗·西奥多罗普卢（Argyro Theodoropoulou）制作。

图 4.8 除了现场部署的静态传感器外，现场还配置了基于 arduino 的移动传感器套件，具有显示温度、湿度、光线（可见光、红外线）、声音（频率）和土壤湿度的功能。它们通过结合犀牛软件、Grahopper、GHowl 和 Processing 进行地理定位，并与现场的移动电话 GPS 同步。由乔治斯·萨尔马尼奥蒂斯（Georgios Sarmaniotis）和杰奎琳·弗里齐（Iacqueline Frizi）制作。

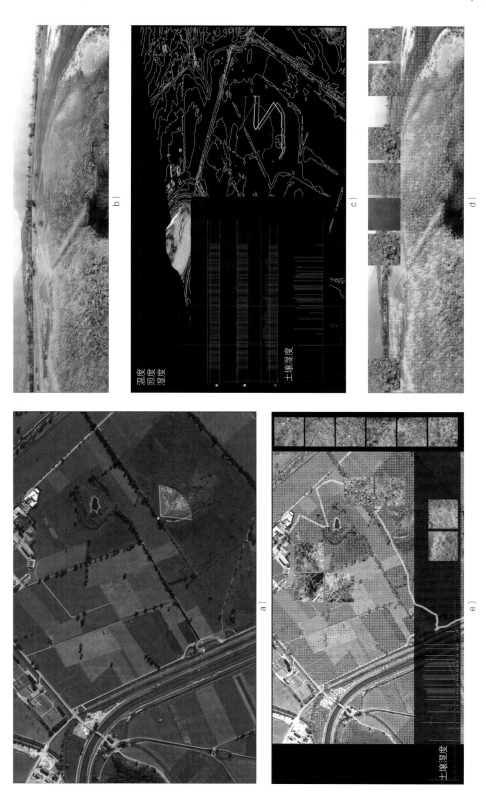

图 4.9 在整个现场调查区域的不同视点（图 4.9a，b），结合详细的传感器测量数据（图 4.9c）和简单的图像分析（图 4.9d），对现场识别的植被密度进行了了解。与现场的微地形和现场获取的详细土壤湿度读数相关联，产生的马赛克部分可以作为设计综合项目中相似的波动的湿地状地形与模块状教学样式并行发展（图 4.9e）。使用开源图像地理标签编辑软件，犀牛软件，Grasshopper 和 GHowl 来生成图像。由安那洛斯·可姆尼诺斯（Angelos Komminos）和阿尔基罗·西奥多罗普卢（Argyro Theodoropoulou）制作。

5 数字化制表

科菲·布恩（Kofi Boone）

构思良好的图表可以帮助景观设计专业的学生们更有效地表达出他们意图实现的设计过程和成果。从用于可视化设计思维元素的探索性绘图，到用于隔离设计因素的分析性绘图，再到那些用来揭示因相交织的因素而产生的问题与机会的综合绘图，图表可以让我们对过程中的每一步都了如指掌。

图表可以对颜色、线条、文本、图标、透视图、重复、蒙太奇和空白进行策略性的配置，从而建立视觉语汇，方便设计师和其他人理解。

颜色的使用以及选择一个有效的调色板对于构建有用的图表是必不可少的。色相和明度可以让观者了解设计因素的层次结构，以及识别图形呈现的模式。Photoshop 和 Illustrator 等软件让我们可以从其预先打包的调色板中进行选择，也可以从各种媒介中进行取样。而 Kuler 则提供了一系列令人难以置信的工具，并能够基于设计参考图像、绘图和照片中的主要模式进行调色板的构建。

策略性地使用线宽和线型可以增加图表的清晰度。AutoCAD 和 Illustrator 让学生们能够对线条进行最大程度的控制，尤其是在平面视图中，其中的地形、建筑、道路和其他系统都需要各自不同的视觉标识。通过添加颜色和方向指示（如暴雨或行人移动），设计师可以区分图表中包含的多层信息。

文本的设计是图表中不可或缺的一部分。图表中关于心情和意图的信息可以通过字体的选择进行传达。一般来讲，无衬线字体比衬线字体更明显，特别是从远处看图表时。从总体标题到详细描述性标签的文本层次结构，以及图中包含的其他图形信息，都应该进行设计。Illustrator 提供了令人难以置信的字体控制数组，甚至可以创建用于数字绘图的自定义字体。此外，有大量在线资源可以下载用于图表的最佳字体设计。

　　图标是交互设计和用户体验的主要视觉语言，它为景观设计专业的学生们提供了将复杂内容浓缩为视觉"原声片段"的绝佳机会。使用图标将景观设计图表与用户体验的习惯结合起来，可以使绘图也同样具有交互媒介的感觉与潜能。潜在图标的范围是无限的，并且有大量的在线资源可以用来获取灵感。Photoshop和Illustrator提供了将示例图像和符号转换为图标的简单工具。

　　图表的视角定位影响着它传达设计意图的能力。平面图用于显示空间组织和二维关系。立剖面图适用于突出景观的外观和其他因素之间的关系。鸟瞰图有助于展示第三维度对设计思维的影响，以及在更广泛的背景下展示设计情况。在三向投影视图下，对场地独特信息的分析层次可以同时显示并进行背景参考。在某些情况下，景观设计师借用其他学科的图形语言来展示景观设计中的发现，这表明设计师也在考虑超出自身景观设计学边界的工作含义。

　　绘图特征的重复可以让用户对图表之间的差异进行比较，成为发现设计思维模式的参与者。重复同样的视点，但又改变覆盖在透视图上的内容可以激活连续视景——这是一种人脑"连接起各个点"的能力，并将单个的图画组合，形成一个完整的叙述。在景观设计图表中，这对于显示任何形式的变化都很有用，如天气、增长、衰退和运动等。

　　蒙太奇或图像的分层，使图表可以同时利用不同形式的媒介和内容。混合媒介使每种形式的媒介可以在其中处理其特定的内容，也可以进行有效的视觉对比。航空照片可以作为图表的基础，通过数字工具，可以修改基础内容的不透明度和饱和度，使附加的描述性图表更加清晰可见。对非分析性设计发现的直观化图表的突显，如情感和感知，也可以运用蒙太奇技术。

　　最后，白色空间或不包含任何信息的空白可以帮助观者在阅览图表信息时得到视觉休息，并促进其对图表的理解。图中内容的密度和复杂性可以传达设计者的意图，但也有可能会使那些没有参与设计过程的人迷失方向。Illustrator和InDesign等软件提供了相当有用的布局工具，可以帮助设计师在一个图表中确定要显示的可视化内容的数量。

　　本章样例如图5.1~图5.8所示。

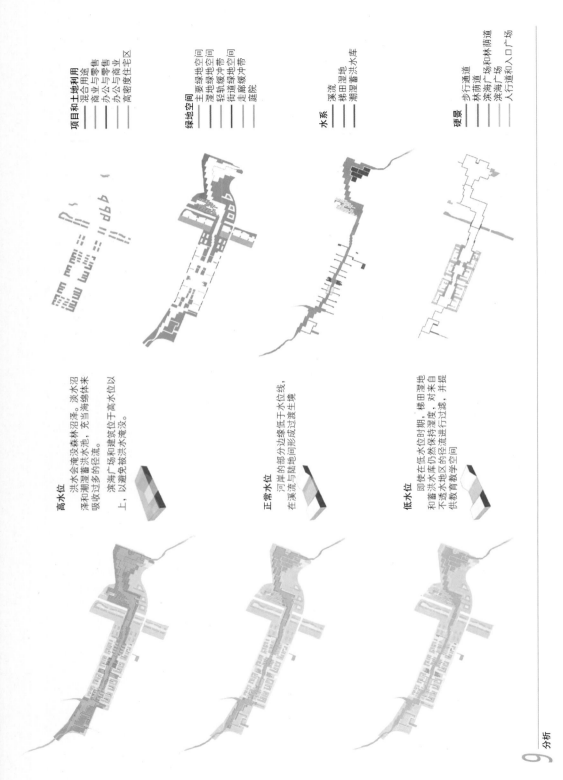

项目和土地利用
—— 混合用途
—— 商业与零售
—— 办公与商业
—— 高密度住宅区

绿地空间
—— 主要绿地空间
—— 湿地绿地空间
—— 轻轨绿冲带空间
—— 街道绿缓冲带空间
—— 走廊缓冲带
—— 庭院

水系
—— 溪流
—— 梯田湿地
—— 潮湿蓄洪水库

硬景
—— 步行通道
—— 林荫道
—— 滨海广场和林荫道
—— 滨海广场
—— 人行道和入口广场

高水位
洪水会淹没森林沼泽。淡水沼泽和潮湿蓄洪水池，充当海绵体来吸收过多的径流。
滨海广场和建筑位于高水位以上，以避免被洪水淹没。

正常水位
河岸的部分边缘低于水位线，在溪流与陆地间形成过渡生境。

低水位
即使在低水位时期，梯田湿地和蓄洪水库仍然保持湿度，对来自不透水地区的径流进行过滤，并提供教育教学空间。

分析

图 5.1 克拉布特里溪的适应性策略。使用的软件包括 ArcGIS、AutoCAD、SketchUp、Photoshop、Illustrator 和 InDesign。由李郭（Guo Li）制作。

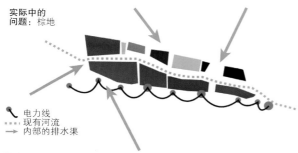

**实际中的
问题**：棕地

🔦 电力线
⋯⋯ 现有河流
➝ 内部的排水渠

棕地治理—生物修复/生物燃料作物生长
设施维修—地下电力线缆 新雨洪基础设施使新树得以生长—为树木施肥
成果：为净水处理催化剂产生的洁净水的研制奠定了基础

**实际中的
问题**：绿地空间的发展

🔴 水池/瀑布   ⋯⋯ 水流转移
⬛ 公园设施   ━ ━ 绿道步道

基础设施—公用设施配置 卫生间及公园设施
水流转移—在两侧提供更多可用的空间
发展绿地空间—步道布置状态发展 积水停止点
成果：良好的公园空间、清洁的生态系统、教育机会、适于骑行、
美学价值

**实际中的
问题**：连通性

 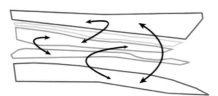

⬛ 区域1
⬜ 区域2
⬜ 区域3
⬜ 区域4
⬛ 区域5
➤ 连接潜势

严重缺乏的连通性—创建5个独立区域/岛屿（通过使用具有创造性和
可用性的策略化高架桥梁隧道来进行连接）
机遇—连接策略可能会变得很吸引人，且与众不同—利用开发
成果的连接—连接空间在罗利创造了一个"新的"社区

**潜势
架桥**：绿色连接

陆桥之人行桥——使首都连结空间东侧的现实发展成为可能，
以形成一个具有潜在发展机遇的实体空间，超凡酷炫的吸引
力，来自于消费较高的公园中的混合开发用地、轻工业、行
政、商业用地等创意
成果——具有符合美学标准的潜在吸引力

**潜势
开车前往市中心**：实体空间

︵ 高架干道
︵ 人行天桥

⬛ 地下通道开发
◄┅► 连接潜势

把首都从韦德河提升到和平之桥——首都东侧的现实发展将空间连接起来，形成一个具有潜力的实体空间
机遇——地下通道发展的吸引力 综合用途/轻型工业/政府/创建商业用途的目的公园
成果——创建可用空间，以及一个流动的通道连接所有空间

图 5.2　弥合分离：将人们重新连接输送到不同的地方。使用的软件包括 Photoshop 和 Illustrator。由
马修·琼斯（Matthew Jones）制作。

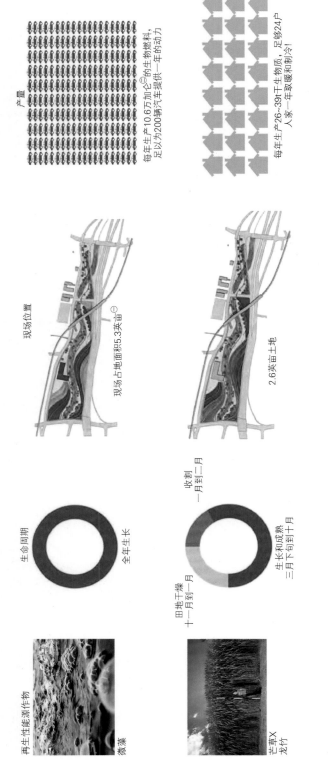

图 5.3 德弗罗草地生态公园。使用的软件包括 AutoCAD、Photoshop、Illustrator 和 InDesign。由玛丽·阿契尔（Mary Archer）制作。

⊖ 1英亩=0.004047km²。
⊜ 1加仑（美）=3.785412L　1加仑（英）=4.546092L。

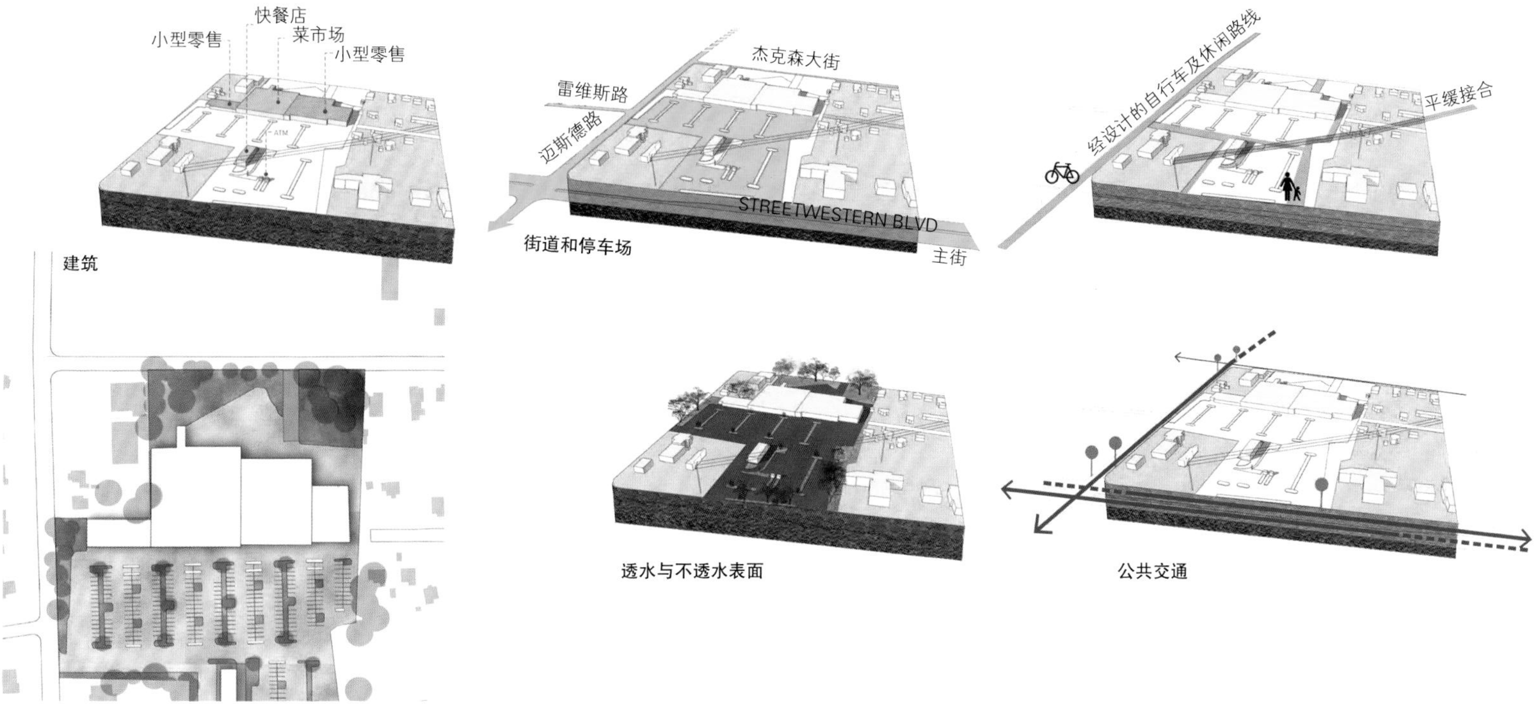

图 5.4 密集的城市湿地。使用的软件包括 AutoCAD、SketchUp、Photoshop、Illustrator 和 InDesign。由季英林（Yinglin Ji）制作。

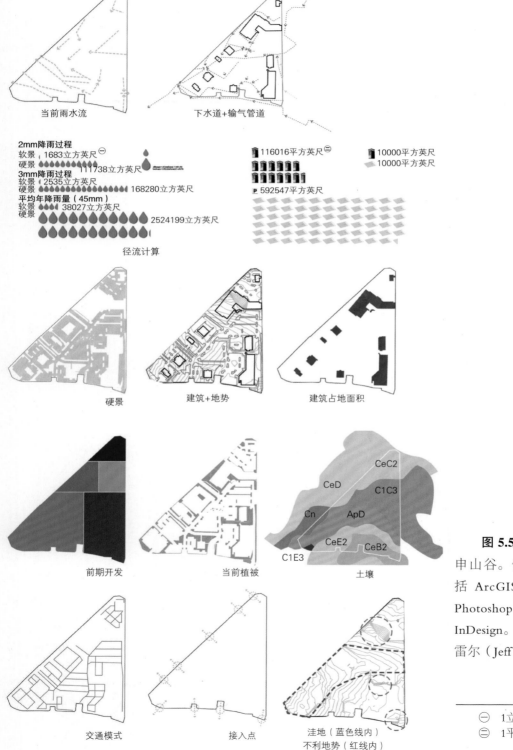

当前雨水流

下水道+输气管道

2mm降雨过程
软景 1683立方英尺
硬景 111738立方英尺
3mm降雨过程
软景 2535立方英尺
硬景 168280立方英尺
平均年降雨量（45mm）
软景 38027立方英尺
硬景 2524199立方英尺

径流计算

116016平方英尺
10000平方英尺
10000平方英尺

P 592547平方英尺

硬景

建筑+地势

建筑占地面积

前期开发

当前植被

土壤

CeC2
CeD
C1C3
Cn
ApD
CeE2
CeB2
C1E3

交通模式

接入点

洼地（蓝色线内）
不利地势（红线内）

图 5.5 重新构思米申山谷。使用的软件包括 ArcGIS、AutoCAD、Photoshop、Illustrator 和 InDesign。由杰夫·伊斯雷尔（Jeff Israel）制作。

1立方英尺=0.0283m³

1平方英尺=0.093m²

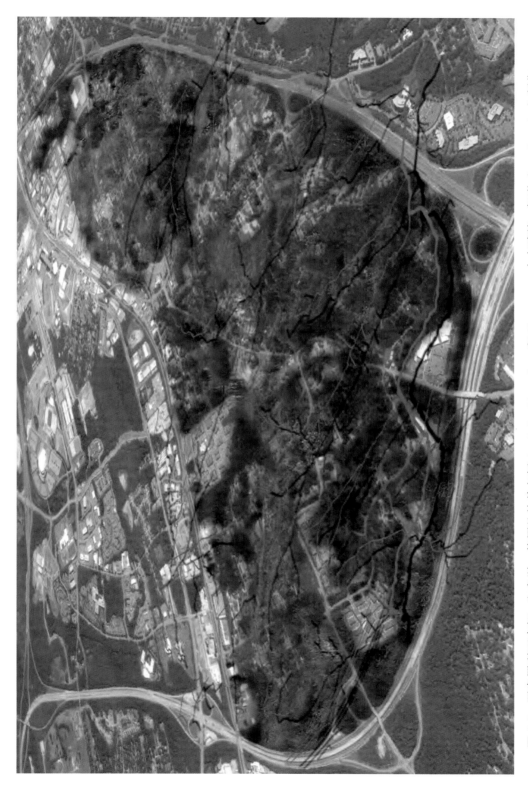

图 **5.6** 开发罗利西南部：生态学。使用的软件包括 ArcGIS、Photoshop 和 Illustrator。由杰瑞德·凯琳（Jared Kaelin）制作。

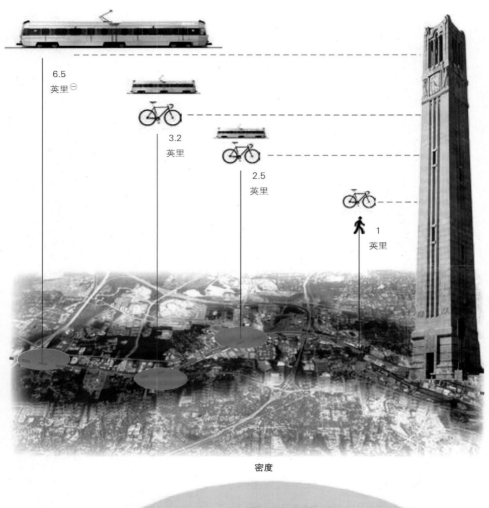

密度

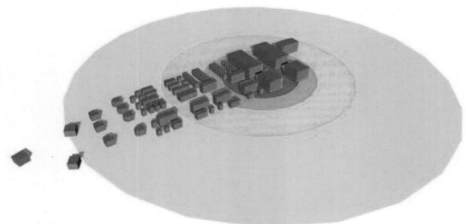

图 5.7 开发罗利西南部：机动性。使用的软件包括 SketchUp、Photoshop 和 Illustrator。由高迪（Di Gao）制作。

⊖　1英里=1.609344km

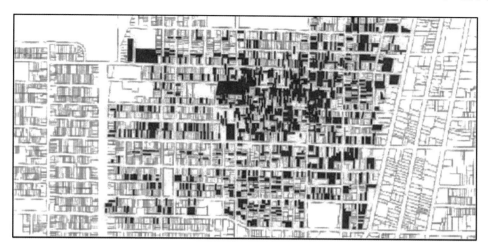

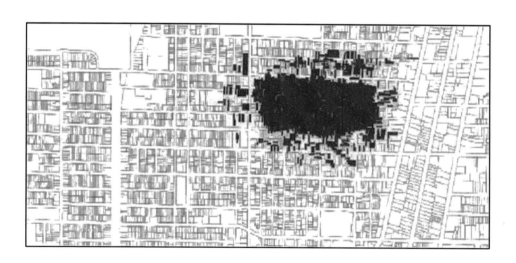

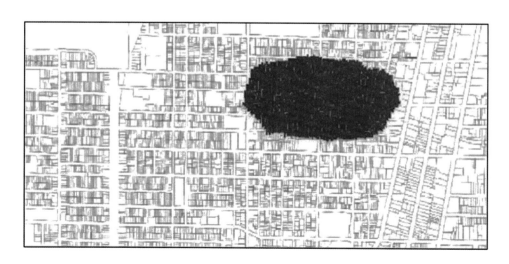

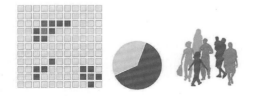

图 5.8 空置土地：布法罗东区。使用的软件包括 ArcGIS、Auto CAD、SketchUp、Photoshop、Illustrator 和 InDesign。由劳拉·昂德希尔（Laura Underhill）制作。

平面演示

6 数字化平面演示：
仍是景观设计表现的基础吗？

约书亚·组内特(Joshua Zeunert)

正交平面图的参数在很大程度上迫使观测者从单一的有利位置，在单一的时间内观察平面图。平面图将观测者置于某个固定的距离——从上面看的话——就是在地球曲面区域的抽象平面。经常处理广阔尺度的景观设计师们能领会上方的视角是如何让对大（或小）块景观空间进行调查和理解成为可能的。在本章作品中，景观设计平面图所支持的视图可以在二维平面（计算机屏幕和纸张）上进行刻印和打印。这个过程推进了元素的定型和缩放。平面图可以在不失真的情况下进行测量，因为制图和绘图技术会扭曲空间和视角。因此，平面图的优势成就了施工的可能性。然而，它如果要作为一种富有想象力和探索性的媒介，其优势却不那么令人信服。

平面图是景观表现的基础，而平面演示则通常是最吸引人的平面图。通常，平面演示拥有丰富的渲染和颜色。它们是一种比例图，旨在说服和诱导客户、一般大众和其他设计师。平面演示通常伴随着景观设计过程的初始阶段，然后才会被转换成黑白线条、图案填充和符号绘制，用于投标和施工。平面演示有时可以跨越平面图本身的限制，有效的平面演示可以创造出深度、质感、时间感和沉浸感。

当今，平面演示并没有像过去那样受到重视，因为它们已经被数字化透视图像所取代。许多景观设计师使用计算机生成三维图像，与这些图像不同的是，一个比例化的正交平面演示不会轻易地"蒙混"或掩饰设计上的拙劣之处以及未解决的尺度问题。缺乏比例化平面演示的景观设计构思只能是一个不完整的、有待解决的初步想法或学术性实践。平面图可以提升核心的设计过程；用草图可以测试比对多个场景选项、设计分辨率和比例表现，以及空间布局的表达。

平面演示的解读需要具备一些设计素养才能完成，这也正解释了近年来平面演示在设计图集中原有的突出地位下降的原因。因为我们的客户可以很容易理解 3D 图像，而当与这些非设计人员沟通设计意图的空间问题时，平面演示则变得效果不佳。平面演示是一套图纸（剖面图、3D 图像、轴测/等距图、2D/3D 图）构成中的关键部分，并且在理想情况下，平面演示应该伴有一个平面结构示意图——一个简化的图表，将平面演示分解成最基本的形式、态势、空间、元素、流程和程序。这样的一幅图使设计意图更清晰，更容易被观众理解。整套设计图应作为一个整体来进行构思和制作。很多时候，平面图是单独制作的，从而导致了空间的平淡和低分辨率，形成类似于 2D 屏幕的产物。构建一个有效的平面设计通常需要几个阶段，这些阶段通常要结合几个计算机程序和可能的手工绘制技术。这些阶段的最佳发生时机和构成顺序对于设计过程效率的最大化非常重要。

许多设计师通过手绘来制作草图和早期平面图——使用铅笔和钢笔在描图纸、黄油纸、草图纸上勾勒现有场地的比例化基础平面图。这种方法可以快速灵活地进行场景和设计的测试。一旦就某一构想或方向达成一致，设计通常会被导入到精确的二维计算机辅助设计（CAD）程序中，以获得空间和比例精确度。CAD 程序通常只用于线条绘制（图 6.1）或线条绘制和色彩渲染相结合设计中。一些平面演示包括现场环境的 3D 建模和设计构想。这有时可以在 CAD 或 SketchUp 和犀牛软件（图 6.2）等中完成，也可以通过组合多个软件来完成。建立场地和设计的三维模型，有助于传达光量、阴影的信息，使平面演示更准确地表达场地设计的愿景、意图和可能的结果。与只提供没有比例尺度的 3D 图像相比，它还有助于更仔细地考虑和解决设计回应问题。一旦空间布局和体块完成，渲染过程通常就开始了——包括对阴影和光量的渲染，以及色彩渲染——这些都可以通过手工或计算机技术，或将两者结合来完成。使用手绘纹理和渲染技术仍然是常见的景观表现手法；手工绘制和计算机技术的结合（图 6.3、图 6.8 和图 6.9）常常可以有效地克服计算机本身有时缺乏灵魂性输出的弊端。

印刷介质的触感和纹理表面以及油墨本身对最终图面的质量有着重要的影响。多感官性的品质往往在数字媒介中丢失。与选择适合手绘的纸张相比，绘图仪中常用的通用纸张类型可能会受到限制。Photoshop 中生动的渲染技术可以在一定程度上抵消这一缺点（图 6.4），一些绘图仪可以在画布等多种介质上进行绘制。一个高质量平面演示的渲染是有深度的，是从平淡的 2D 媒介上打印、绘制或投影图形的"纵向提升"（图 6.5），并帮助处理图像的外观，给人带来从页面一跃而起的视觉感观。

使设计现场周围环境的不透明度褪色、变暗、简化和增加有助于将注意力集中在设计本身，而不是它周围的环境。应用带有照明元素的暗化层可以呈现场地的"夜景"平面（图 6.6）。使用航空摄影图片，最好是黑白的图片，作为设计场地的背景，有助于将设计视觉转移到有形的和现实的环境中，帮助非设计师理解图纸。这样也避免了让设计看起来类似于物体飘浮在空中的感觉。由于许多景观设计项目的规模较大，平面演示通常涉及放大或聚焦区域，这些区域提供了更接近人类尺度的细节（图6.7）。

在大多数情况下，不应排除使用文本来标注平面中关键要素的方法。标签在平面中是有用的。更多的文字应包含在关键图例中，以避免混乱的图面；然而，文本的完全缺失会让平面演示看上去更像是一种艺术绘画，而不是一种勾勒项目和场地元素必不可少的交流工具。使用一个小型、简化的轮廓平面来显示剖面线和三维视角通常是人们的首选，这可以与平面示意图相结合。如果剖面线要显示在平面演示中，则只应显示在图纸的外边缘。

通过增加人员和活动来激活平面演示的活力，通常会被忽略，但又与3D图像（取决于使用的比例）并无不同，因为这样可以加强绘图的存在感。大型场地的平面可以使用比如"云"之类的效果，增加深度，提高掌控感和说服力（图6.8）。许多景观平面和图纸使用夸张的手法来获得关注，特别是在竞争性设计方案中。这通常是通过过度饱和生动的色板，扭曲真实的环境和成果（例如，在英国使用色彩饱和的蓝天，而在那里灰色和柔和的色调才是正常的，在半干旱的环境中，鲜艳的热带绿色更常见，而在那里柔和的颜色却更常见）。

平面演示可以通过简单的色板（例如使用默认色板）或使用通用的表现程序和技术（线宽、工具、过滤器、不透明度、照明）轻松实现同质化。平面图则须表达（现有的及提案的）场地的性质：建筑物的密度及高度；光的强度和品质；太阳的角度和阴影的深度；土壤的颜色和地质性质；开放度、围合度或对场地地形的感质体验度、形态、形式和场地植被的纹理。虽然建筑的数字化传播可能已经变得更加全球通用化和同质化，但景观表达应该保留其与场所特色以及场所的特殊特征的联系，并将其表达出来。良好的平面演示能捕捉到这些特性并表达出这些元素，让观者对设计产生更切实和更紧密相连的体验（图6.9）。近几十年来，耗费在现场观察和消化这些特性上的时间已经在减少，这得益于数字时代、图像捕捉和复制的便捷性以及现代生活的超高速度。景观设计师的项目图需要保持与场所的联系，以避免图纸和设计结果变得无个性、标准化、不可见又缺乏地域或人类特征和参与性。

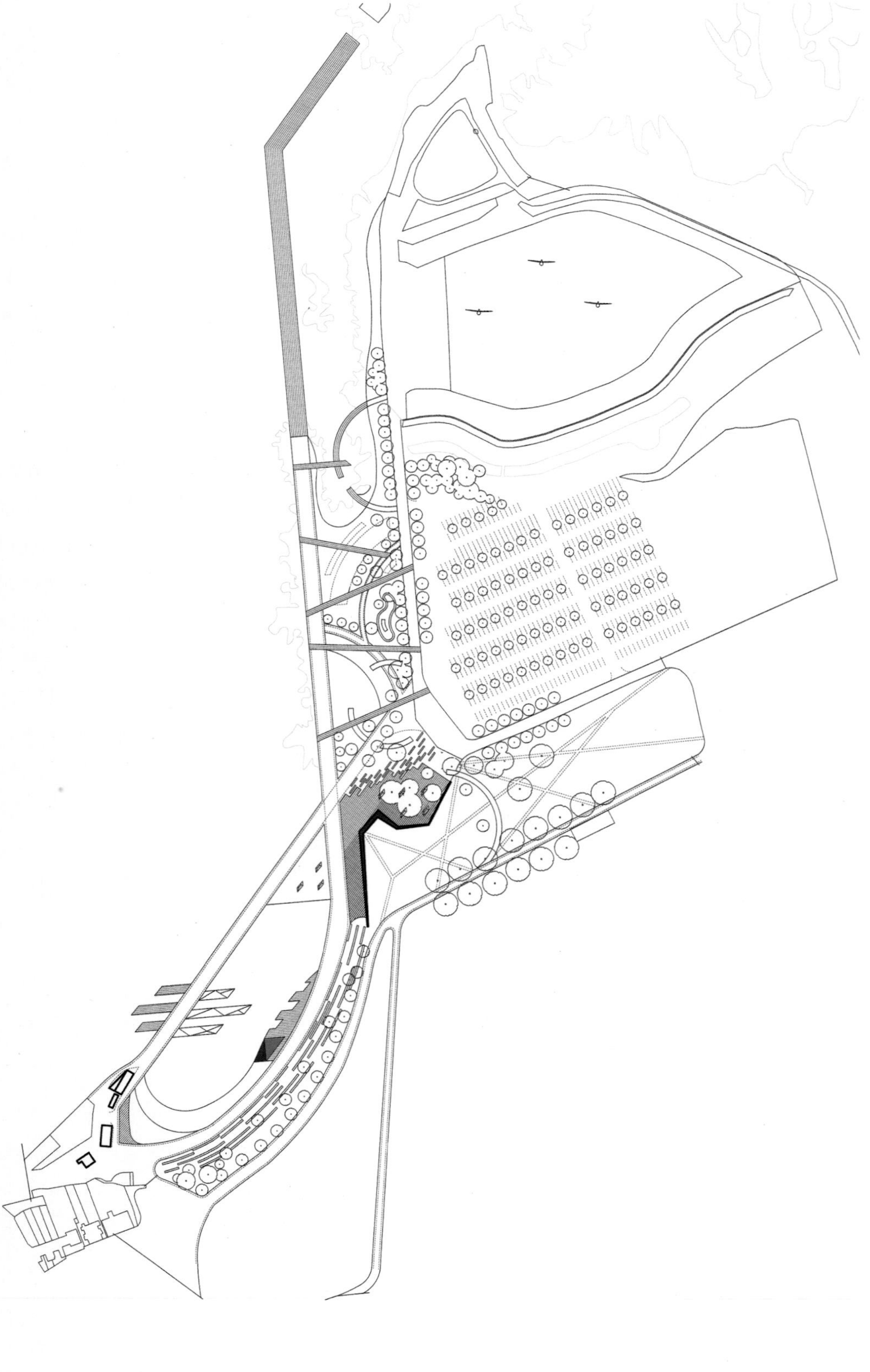

图 6.1 AutoCAD 绘图，英国马尔登海滨公园。大多数平面演示使用 CAD 包，以保证精确的"空间化"布局。着色和渲染通常是在 CAD 程序之外完成的。由卢克·惠特克（Luke Whitaker）制作。

图 6.2 缝合空间，澳大利亚阿德莱德的布莱克伍德图书馆和社区花园 3D 模型平面。演示平面使用谷歌地球、犀牛 3D、Illustrator、Photoshop、AutoCAD 等软件和手绘完成。在 AutoCAD 中输入谷歌地球和 CAD 数据并确定绘图比例；手绘叠加用于初始体块的体量和规划布局；犀牛软件三维建模；利用犀牛软件导出二维 CAD 线并在 Illustrator 中进行编辑；在 Photoshop 中进行颜色、纹理和阴影的应用。由丹尼·布鲁克斯（Danny Brookes）制作。

1.走廊缓冲带辖区
滨岸缓冲带辖区
2.图书馆
硬景辖区
3.厨房
社区教育中心
4.运动圆角
嵌入的圆形剧场环境

总平图
1:500

椭圆

模板道入口B

模板道入口A

椭圆运动区入口

主畜水区

跑道

图6.3 澳大利亚阿德莱德公园北部一角。演示平面：使用水彩颜料和黑色钢笔进行细节处理，AutoCAD 线条叠加。手绘植物图标。通过拼贴和阴影技术实现了 Photoshop 纹理的增强。由阿历克斯·邓巴（Alix Dunbar）制作。

图 6.4　下沉广场，提升灵魂。英国伦敦芬斯伯里广场。演示平面：使用了 CAD、草图大师和 Photoshop 软件。运用多种 Photoshop 笔刷，例如云、烟和光束。填充了日常的城市元素，包括车辆和行人。地铺格局使用 AutoCAD 制作。用 Photoshop 笔刷绘制了道路细节。利用对象副本变暗和不透明度下降创建阴影效果。应用了加深工具。由利亚姆·萨普斯福德（Liam Sapsford）制作。

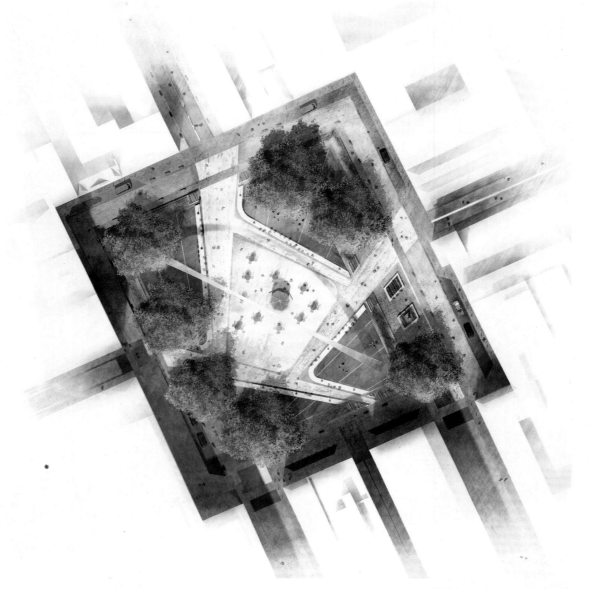

图 6.5 永恒的骄傲，英国伦敦苏豪区。演示平面：使用色块的 SketchUp 模型，使用 Shaderlight 插件渲染阴影和城市环境的氛围。Photoshop 使渲染栩栩如生，包括铺装、草地等纹理。为了赋予纹理深度，铺装纹理被覆盖并裁剪到所需的区域。这个图层保留了其暗化状态，这样它就会在 SketchUp 的 Shaderlight 图像中找到阴影。纹理，如水彩、油画布或颗粒状的应用，然后叠加的使用或柔光的混合选择，使铺装具有更强的视觉深度。使用带有羽化应用的多边形选择工具，叠加柔光使图像呈现出更多的纹理，完成了树叶的去饱和以及削减处理。另一个可以让人们感受阳光正照射地面的印象的技巧是拍摄一张天空的照片，将它覆盖在整个图上，然后选择分割混合选项，不透明度设为 20% 左右。将同样的光线覆盖应用到图像上的所有元素。水彩笔刷也被用在最后一层的绘制中，并在边缘画上了云彩。由卢克·惠特克（Luke Whitaker）制作。

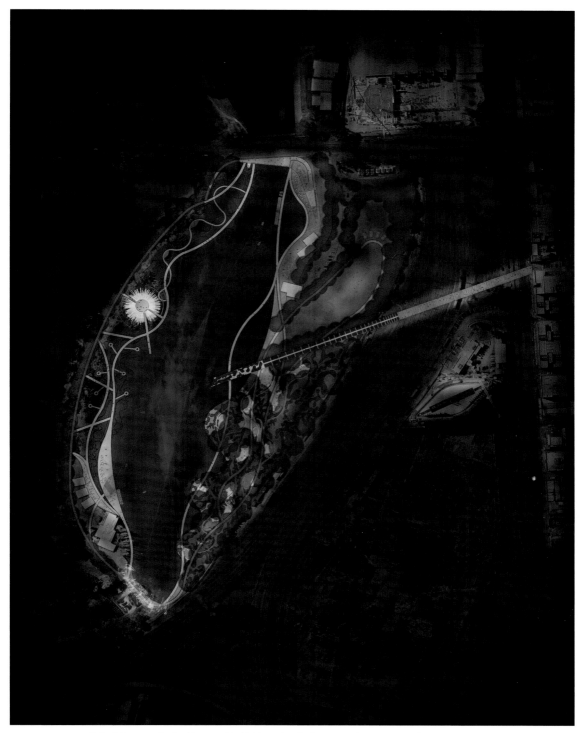

图 6.6　感知景观，澳大利亚阿德莱德的托伦斯河。演示平面：使用了近距地图航空影像，CAD 线条，卫星影像，Photoshop 技术。使底图变暗，突出元素，呈现夜景。由菲奥娜·多曼（Fiona Doman）制作。

图6.7 放大平面图：英国伦敦芬斯伯里广场。把摄于1~2m高的地面纹理图像叠加到演示平面的放大区域。由利亚姆·萨普斯福德（Liam Sapsford）制作。

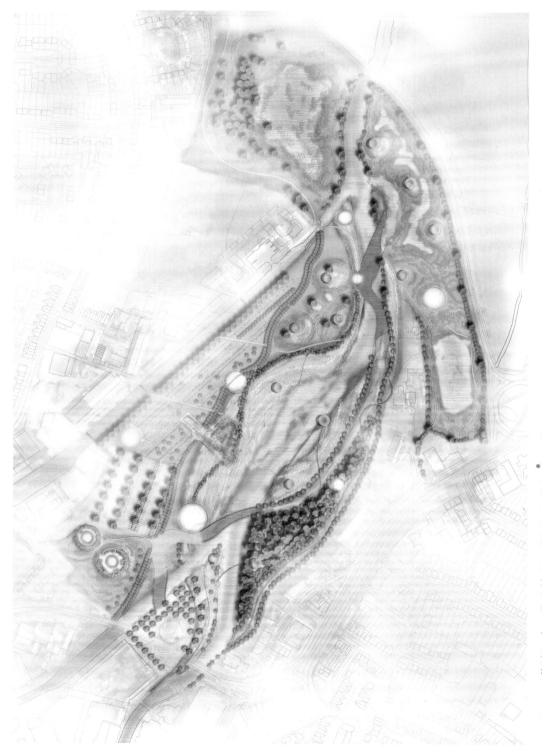

图 6.8　草地视角：体验美学，英国切姆斯福德。演示平面：手绘设计导入 AutoCAD，手绘填充以呈现涟漪效果，在 Photoshop 中进行渲染。由伊丽莎白·普莱格尔（Elizabeth Pledger）制作。

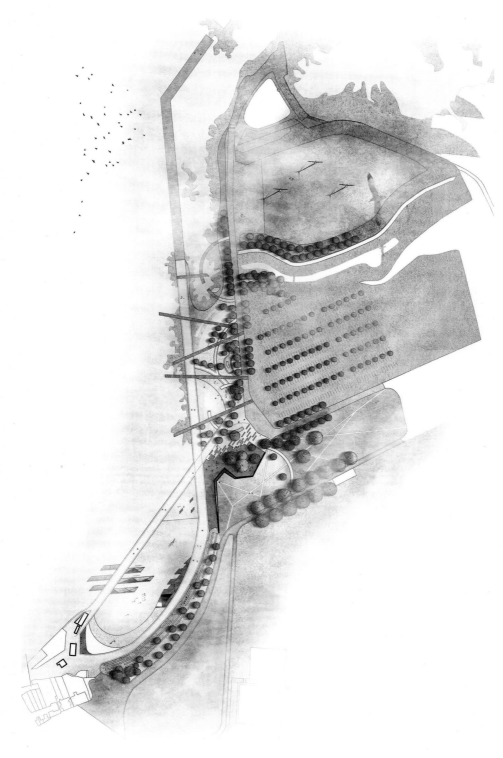

图 6.9 英国马尔登海滨公园。演示平面：AutoCAD 线条绘制，在 Photoshop 中进行色彩渲染。用于创建铺装和地面覆盖的纹理、硬质景观和水面。在 Photoshop 中制作草地区域斑驳的效果。海报边缘处理的效果也应用到该图层。最后的图片使用日落天空覆盖整个图面。色调混合选项为景观塑造了日落色调。蓝色的天空也被应用于图中，并带有分离混合的选项。云效果的应用实现了演示方案的最终视觉效果。由卢克·惠特克（Luke Whitaker）制作。

7 空中视角/地面控制：
描述性平面图和鸟瞰图的艺术

卡尔·库尔曼(Karl Kullmann)

　　一般从景观表现图横截面上可以明显看出，图中包含着大量稀薄的空气。实际上，我们一直想要关注的实体特征在地面上分布得很少。为了从空中视角理解这些景观，长期以来，头顶视角的绘图一直是空间组织和设计概念表达的必要条件。虽然这一视角曾经的确是从陆地上的有利位置获得的，但景观表现应该呼应现代制图结构和笛卡尔坐标空间投影。因此，正交景观平面取代了斜视角作为主要的效果图，而后者则被降格为景观中的配角。一个世纪以来，随着轨道卫星的出现，飞行高度不断提高，向下凝视的优势获得进一步加强。

　　到了 21 世纪，有两种技术已经开始用于重新调整卫星眼睛向下对齐的方向。基于网络的地图应用程序和消费级无人机使低空的鸟瞰图得以复兴，这种鸟瞰图是从向下和横向的角度来看的。可以肯定的是，这种不合时宜的斜视角可以追溯到在教堂尖塔和山顶上定位的时代，而今天我们使用移动设备对地球同步卫星进行三角测量。然而，鸟瞰图的复兴表明，尽管设备能告诉我们确切的位置，但它们并不擅长告诉我们自己的位置在哪里。实际上，这种鸟瞰对卫星进行了人性化设置。

　　在当代的数字景观可视化中，这两种航空成像方式很可能共存，以在同一地点提供不同的视角。因此，在这里它们可以共同进行探索；无论是垂直的还是倾斜的，当我们在某个地方驻足，即可以通过一些操作同时获得空中翱翔的即视感。实现这些不同目标的技术被整理成五个关键主题，这些主题为加州大学伯克利分校学生的数字可视化过程提供了信息。两大题材贯穿于这些主题：感知景观和表现的作用；模拟的剩余价值，与其他设计学科相比，景观设计具有更大的关联性。

精确的视角

除了新创建的地面，景观优于设计师对自己愿景的预期。因此，阐述型平面和鸟瞰图的任务通常是对可能的未来进行预测，同时对现有情况开展制图。此外，景观设计要求精确可信，但在实现这个目标时却自相矛盾地难以控制和不确定。这些双重特性要求其应该同时具有空间上的精确性和时间上的开放性。从图形上看，这一目标是通过将精确的线条工作与线条之间松散的区域结合起来而实现的。我们通过边缘和轮廓直观地感知环境的倾向也是这种关系的表现，这就是为什么我们会这么容易地认同漫画和动画中常见的基于线条的表现形式。在景观表现中，即使是非常细的线条也在继续着视觉的构建，同时可以用混杂感填满中间区域。从远处看，这种松散感在视觉上呈现出一种非常理想的引人注目的感觉，吸引着观众。从近处看，严格的线条带来了更进一步的精确性，随精确性而生的即是可信度。

倾斜，退后

在创建过程中，模拟性表现以相同的比例存在于绘图板上。虽然视觉化者可能会被页面中的细节所吸引，但是他们眼睛的焦距缩短了这种内在的旅程，这也接近于观察者的焦距。在创建数字绘图时，无限精确的矢量和微小的像素网格在屏幕上产生的引力要大得多。因此，我们倾向于通过身体前倾和放大来更深入地了解图像的子结构。全神贯注于设备会出现视角短视以及相关环境和尺度感缺失的风险，特别是从观众的角度来看，这样的情况很有可能发生。由于现实世界的尺度已经是设计师最难以掌握的概念之一，虚拟世界可以被无限放大的诱惑破坏了说明性视觉化表达本已脆弱的空间真实感。为了抵消这种倾斜，有必要偶尔地后退一步，将作品视为一个整体，并重新调整自己的尺度感。

视界

地平线代表着景观中关键的基准面和感知极限。当我们移动，新的地域和事件就会跨越进个人视野的门槛，进入到我们的感知领域。景观设计作为对物质世界和未来规划的表达，其视觉化也受到视野的条件制约。当地平线融进鸟瞰图，就会形成一种升力和飞行感；如果没有这种关键的定向数据，观众可能会容易产生知觉性眩晕。对于说明性平面图的笛卡尔坐标空间投影，地平线则采用了页面边缘的形式。在这里，框架将表现区域从背景世界中分离出来。在模拟型表现中，首先要做的是在绘图之前对画框进行定义。然而，1：1比例的数字化制图让这种决定性操作被无限期推迟。这导致了框架的弱化，无法有效地表现世界的一部分。因为设计是小，而景观显然是无穷无尽的，有效的说明性平面和鸟瞰图视角都需要小心翼翼地进行定义。只有这样，才能以图形化的方式超越框架和地平线。

留白

要用墨水填满一个 36 英寸[⊖]宽的页面，需要用 0.13mm 的钢笔手工绘制 7000 条平行线。作

⊖　1英寸=0.0254m。

为媒介的一个直接结果，留白是一种实际的需要。相比之下，数字技术的能力，以其最大的便捷性和速度进行着图像填充。通常，这样就形成了空白，这也是必不可少的，以确保在一个给人窒息感的图像中形成高度对比。留白并不是在等着纹理和效果的加入；相反，它在绘图中提供结构、空间和层次结构。正如格式塔知觉组织原则所描述的，我们的感知架起了留白的桥梁，完成推测中的结构。作为我们对城市空间的感知和结构的基本元素，道路和建筑是在图像中实现这一角色的特别有效的候选者。

面对太阳

与摄影和绘图一样，光线是设计可视化的基础。有光的地方，总会产生阴影。阳光投射在页面上形成的阴影将第三维度导入单调的说明性平面。对于已经是三维的鸟瞰图，阴影则给场景注入了第四维度，那就是时间。正如摄影师所知，最好的光照时间通常发生在一天结束的时候，即当太阳低悬在地平线上之时。除了热带地区，太阳在平面的地平线框架上的位置也相当低，这样就形成了长长的、黑暗的、富有表现力的阴影。对于说明性平面来讲，北半球的场地带来了另一个问题：来自南方的阳光冲淡了阴影的三维效果，阴影看起来像是从书页上掉下来的。为了抵消这种影响，可能会从平面的顶部对北面进行转向处理。这并不像看起来那么有争议，因为北点朝上是一个相对较新的制图标准。事实上，所谓"失去方向感"的字面意思是指旋转偏离了太阳东升的方向，这是许多前现代地图的特征。

由于其复杂性、广泛性和动态性的生命周期，景观一直是一个具有挑战性的表现主题。因此，景观可视化并不像在建筑和工业设计中广泛应用得那样，享有一站式的逼真的渲染技术。相反，有效的数字景观设计可视化需要多种多样的非线性和混合的方法，这些方法通常都基于模拟传统。

本章样例如图 7.1~ 图 7.12 所示。

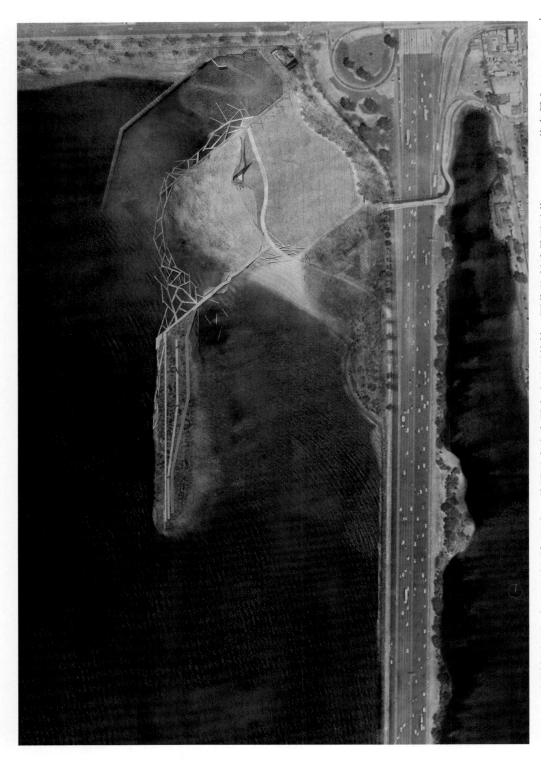

图 7.1 说明性平面与当下的地图相融合，以展示未来发展存在的可能性。图像的创建是通过将 AutoCAD 线条导入 Photoshop 中，再进行空中图像和纹理填充的合成以及操作，从而绘制出水中的波浪线等微妙细节。由埃里克·詹森（Erik Jensen）制作。

图 7.2 说明性平面显示了精确的线条和松散的纹理，精心组成图面框架以及长长的阴影。图像是通过将细化的 AutoCAD 线条导入到 Photoshop 中创建的，再进行航空图像和纹理填充及合成，并使用 Photoshop 的艺术效果作了变形处理。由保罗·麦吉（Paul McGehee）制作。

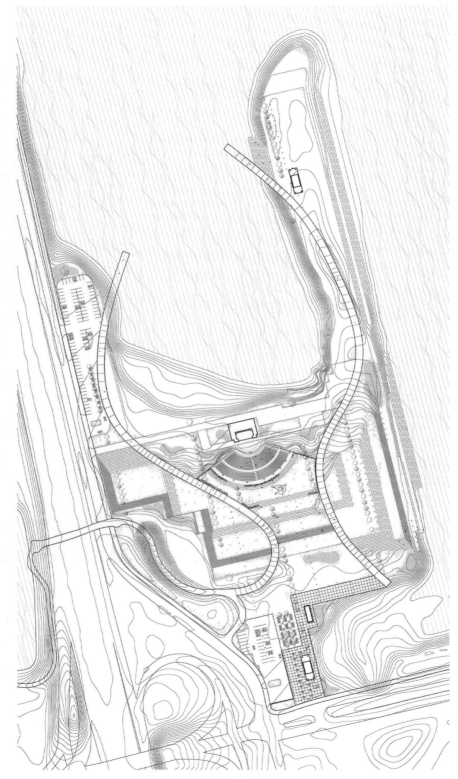

图7.3 CAD草图平面说明了细致线条的影响。该图图像完全是在AutoCAD中创建的，并对线宽和线型的层次结构加以特别仔细的处理。由卡西那·坎贝尔（Cacena Campbell）制作。

图 7.4　将水彩画与航空摄影相结合，设计具有深度和戏剧性画面感的环境平面。该图像是由地理信息系统（GIS）和 AutoCAD 线条、航拍和水彩样本在 Photoshop 中合成而成的，在 Photoshop 中应用了色彩蒙版，其等高线倒转为白色。由尤兰塔·隋（Yolanta Sui）制作。

图 7.5 以海平面为框架的鸟瞰图，其倾斜度形成了航空飞行视角。这张图片的创建通过在犀牛软件中利用三维 GIS 建模数据和地形建模中挤出城市街区，然后在 Photoshop 中使用 V-Ray 渲染并与视图匹配的谷歌地球场景进行合成。由理查德·克罗克特（Richard Crockett）制作。

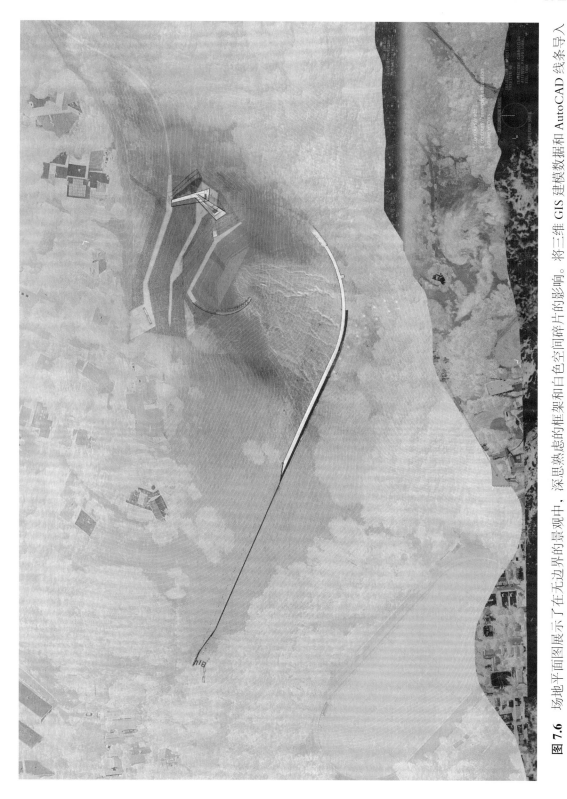

图 7.6 场地平面图展示了在无边界的景观中，深思熟虑的框架和白色空间碎片的影响。将三维 GIS 建模数据和 AutoCAD 线条导入 Photoshop 中，将过度曝光和棕褐色调的航拍图像融合在一起，将等高线分解成透明的白色。由埃里克·詹森（Erik Jensen）制作。

图 7.7 说明性数据景观的鸟瞰图实体性化表达了城市地平线。该图像由三维 GIS 建模数据通过犀牛软件 Grasshopper 脚本生成，并在 Photoshop 中与谷歌地球图像进行合成。由肯特·威尔逊（Kent Wilson）、李俊（Jun Li）和亚历历克斯·绍菲尔德（Alex Schofield）制作。

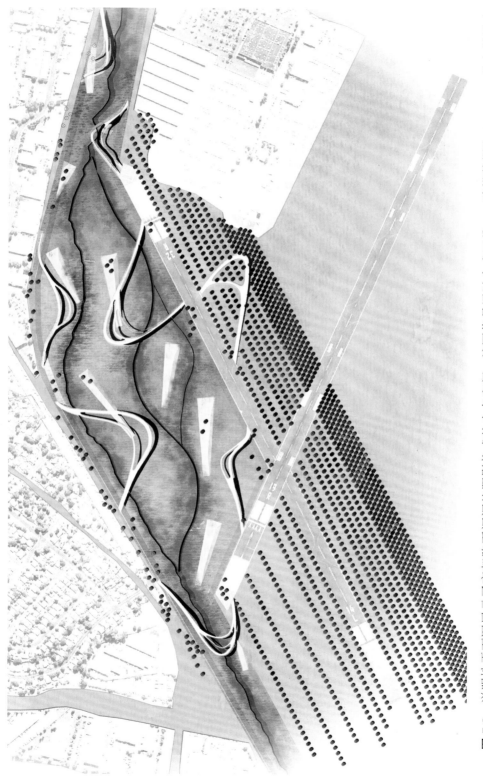

图 7.8 说明性平面图展示了了高架路下深深的阴影构成的白色空间。该图像是通过合成三维 GIS 建模数据和 AutoCAD 线条以及在 Photoshop 中提取航拍照片而制作出来的。道路的阴影是在 Photoshop 中通过观察放置在阴光直射下的草图模型来绘制的。由米甲·卡皮图尼克（Michal Kapitulnik）制作。

图 7.9 说明性平面图诠释了使用白色道路构造图像。该图像是通过将 AutoCAD 线条导入 Photoshop 中创建的，其中应用了纹理填充，并且将线条逆转成白色或白色变暗以突出设计方案。环境背景色变暗或白色进行方向上的转变。由关天宇（Tianyu Guan）制作。

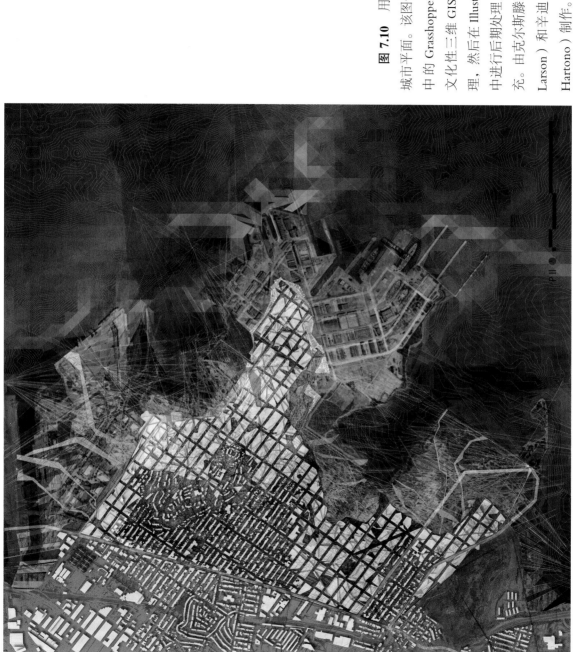

图 7.10 用建筑体块构成的城市平面。该图像是通过犀牛软件中的 Grasshopper Script 对地形和文化性三维 GIS 建模数据进行处理，然后在 Illustrator 和 Photoshop 中进行后期处理，使用纹理进行填充。由克尔斯滕·拉尔森（Kirsten Larson）和辛迪·哈托诺（Cindy Hartono）制作。

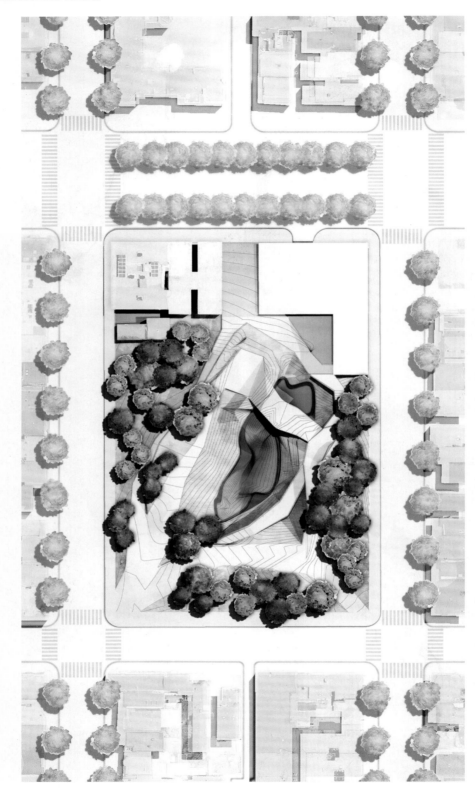

图 7.11 说明性平面由水彩、白色空间和强烈的阴影组成。该图像是由 AutoCAD 线条、犀牛三维地形相结合进行模型合成，以及 Photoshop 中的水彩样本创建的。设计轮廓由犀牛模型生成。由尤兰塔·隋（Yolanta Sui）制作。

图 7.12 鸟瞰图将太阳定位在地平线附近，以获得戏剧性的照明效果。该图像通过从 AutoCAD 导入线条，视图匹配配屋牛软件视角到谷歌地球地形地视图对一个场景进行捕捉并构建三维模型，在 V-Ray 中进行渲染，最后在 Photoshop 中进行元素合成。由理查德・克罗克特（Richard Crockett）制作。

8 过时的场地平面，永生的场地平面

罗伯特·罗维拉(Roberto Rovira)

从许多方面来看，场地平面并不像一种景观，它不像景观那样具有层次性演变，比如从一个季节到另一个季节的定性转变；也不像景观包含了生态环境，时不时会暴露出伤痛；也不像基础设施中的广泛元素那样，有位于地表以上和以下之分，或以不同程度的清晰度很好地进行延伸，进而超越场地边界。

从许多方面来看，场地平面又像一种景观，正如当我们透过飞机窗户可以一览无余所看到的，或是正如一张具有迷人震撼的航拍照片能吸引我们一样，我们看到的一切似乎是大地塑造过程的中止，使原本遥远或缓慢得无法察觉的变化以静态向我们呈现。

在动态过程表达方面，它显得与传统的现场平面图一样不是那么充分，但仍然在对场地的开放性进行过滤，以及对景观的信号和噪声进行区分。此外，在理念方面，也都发挥了必要的作用。罗伯特·史密森（Robert Smithson）把奥姆斯特德公园的特征表述为存在于"完成之前"，以及公园的普遍"存在于实体区域中的持续的关系"，这样的表述与场地平面的海森堡不确定性产生了共鸣，这种不确定性从没给我们带来过具有忠实感的表现感受，而更多的是让我们感受到其在试图描述不断变化的环境。就像照片中的理念一样，史密森指出"一种连续性的中断，有助于增强转换感，从而让人感觉这些画面并不是孤立的形成，"场地平面给了我们一个梦寐以求的瞬时视角去观察场地的潜力，它存在于无限的转换完成之前。只要抱有要去影响我们周围环境的想法，即使我们当前还没有充分挖掘出其潜力，那经过渲染的场地平面也会一直保留在这里。

因此，问题在于我们如何利用日益提升的数字化表现能力去实现一个场地平面要展示的愿景。将增量和性能进行建模，表达出场地设计的迭代转换过程，让我们更接近于表现景观的持续关系和变化，这些内容是否属于场地平面所要承载的范畴？因为景观设计会不断遇到更复杂的场地、项目内容和日程安排，所以为场地平面寻找适用并更具有潜力的方法以及更新的技术，对于解决这些复杂性来讲是很有意义的。毕竟，对一个成功的场地平面来讲，它的力量超越了其表现力方面的意义本身，它更会成为政治和经济利益以及未来的实体蓝图注入的兴奋剂。很难想象奥姆斯特德如果没有借助场地平面的力量，会如何把他的先见之明转化为有形，他的职业生涯和那些覆盖范围之广的实践会变得怎样。奥姆斯特德帮助公众将公园设计成为"健康和快乐的源泉……一件艺术品……和对城市演变所产生的强烈影响"，而且在很大程度上，这些强有力的想法是通过经渲染的场地平面才被大家理解、记录、交流并付诸实现的。

　　数字化表现形式所蕴含的数字化力量包括可复制性、可伸缩性、层次划分和数字精度等，它们促进了场地平面图表现范围的扩展。在迈阿密佛罗里达国际大学的景观设计学专业学生们的作品中，这些数字化力量所带来的效果得到了证明，如图8.1~图8.3所示。在这里，通过引入有关城市和市民城市生活的新参照点，以及对城市过去、现在和未来的集体认知，这些图片展示了重新构建一个具有商业可行性潜力的滨水区方案。渲染后的平面图中具备明显的物质性和精确性，可以对纹理进行数字化复制和渲染，并将平面图与透视图结合在一起。其效果图显示了场地平面图中的水体和草皮纹理，这是一种会让人联想到拼贴画的技术，但同时也赋予了该平面一种精选性的真实感，这非常有助于加强与透视图和平面图之间的联系。

　　波多黎各：南海岸（图8.4）工作室的场地平面呈现出更区域化的尺度，并将航空摄影与渲染区域相结合，以表达和明确设计理念、城市走廊以及公共空间的组织与边界。在这些例子中，航拍照片层作为背景，使场地方案脉络清晰。灰度色调和白色几何图形清晰划分了建筑元素的精确布局，设计方案通过对背景不透明化和去饱和度的处理获得了特别的关注。

　　另外三个场地平面的例子演示了复制和分层如何用于表达阶段的划分，以及系统是如何在图8.5和图8.6以及佛罗里达州石灰岩采石场的分阶段场地平面的方案（图8.7）中得到体现的。在图8.6中，鸟瞰图的场地渲染图巧妙地展现了水文、交通、开放空间、边界和工业园区。该方案假设，通过重新构建包括新湿地和运河在内的水文系统，该地区在20世纪初曾经不可逆转地改变的后工业和后农业特征得以恢复。特别之处在于，该设计要求重新考虑水文基础设施，通过强调可居住性、技术层面和以景观为中心进行研究的机会，树立起人们对土地的新态度。

　　如图8.5所示，使用分解轴测技术有效地划分了再生景观设计概念的各个阶段，即一个工业区在几十年的时间里慢慢转变为研究对象和设施，进行专门的后工业和后农业项目的修复研究。这两个例子中展示的"堆叠的场地平面图"表达了在景观中不同的层次和网络如何在空间上相互关联，景观由不同的复杂系统组成，而这些系统作为相互关联的整体的一部分，可以更好地帮助我们去理解整个景观。

　　如图8.7所示，分阶段平面演示了场地平面可以轻松地进行重复和选择性地扩展，以此诠释这个长期的转变过程。设计的核心是为了解决石灰岩以各种形式和规模的逐渐增加和侵蚀的问题，进而建造一个集教育、生态和娱乐项目为一体的人造景观，分阶段的场地平面说明了如何增设这些项目。

虽然场地平面在历史上一直以一种相对静态的形式在传达关于景观的设计想法，但数字化表达提供了更多利用这些媒介的机会，并赋予了其体现更高的复杂性和更细微差别的能力。场地平面表现动态过程的能力可能不会立即显现，但数字技术的多种方式可以促进我们对场地更好的理解，比如使用重复、缩放、分层、过滤、复制以及其他数字方法，以此保持必要性和力量感。作为对土地概念的简洁表达，场地规划赋予景观设计一种原始的工具，其潜力将继续以其清晰和优雅的说服力为我们尽可能地展示其艺术上的魅力和能力。

图 8.1　滨水区再生的集体策略。巴拿马科隆滨水区场地平面图。此处使用的技术和软件包括在 CAD 和 Illustrator 底图上用 Photoshop 进行后期制作。在场地平面图和透视图中渲染的场地平面图表现了水面以及草皮的质感和延绵起伏的纹理，从而赋予了该平面精美、真实之感。由卡罗莱纳·杰米（Carolina Jaimes）制作。

图 8.2 滨水区再生的集体策略。巴拿马科隆滨水区平面图。使用的技术和软件包括在航拍照片底图上使用Photoshop和Illustrator。图中通过蒙太奇展示了干预区域和绿色基础设施的特殊区域。由卡罗莱纳·杰米（Carolina Jaimes）制作。

图 8.3　滨水区再生的集体策略。巴拿马科隆海滨鸟瞰图。使用的技术和软件包括在 3d Maya 模型上用 Maxwell 软件进行渲染以及 Photoshop 后期制作。由卡罗莱纳·杰米（Carolina Jaimes）制作。

图 8.4　替代性小溪场地平面图（波多黎各南海岸工作室）。使用的技术和软件包括在航拍照片和 CAD 底图上使用 Photoshop 进行后期制作。由玛蒂娜·冈萨雷斯（Martina Gonzalez）制作。

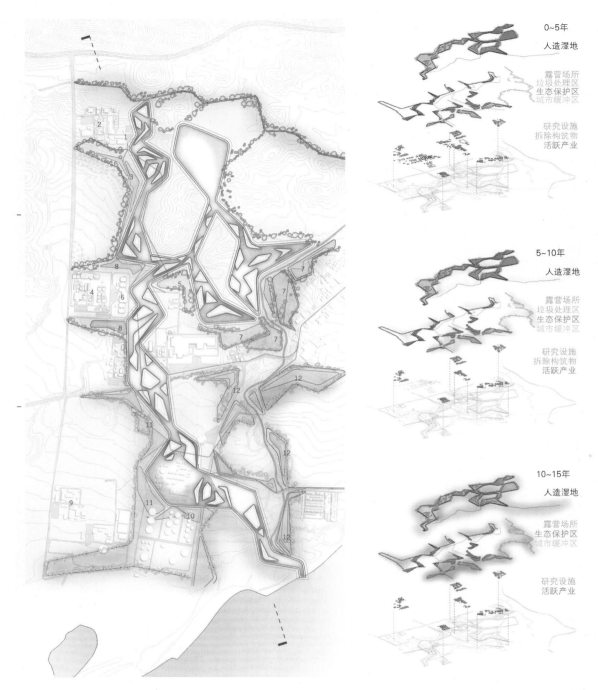

图 8.5 再生景观场地平面图。表明阶段划分的相关分解轴测信息。使用的技术和软件包括使用 Photoshop post 在航拍照片和 CAD 底图上进行的后期制作，以及 InDesign 中做成最终布局。由玛丽亚·伊内斯·阿拉贡（María Inés Aragón）制作。

图 8.6 景观的回声。鸟瞰图。所营造架区域表现了设计理念、城市走廊架构、公共空间组织和边界。由何塞·阿尔瓦雷斯（José Alvarez）制作。

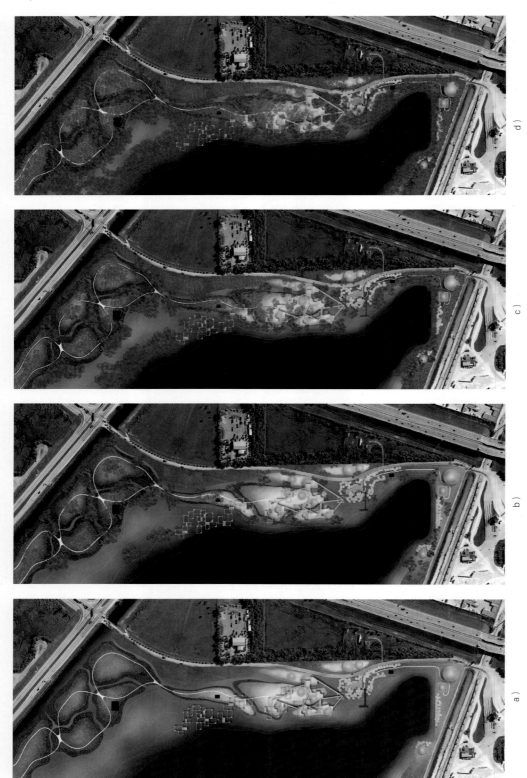

d)

c)

b)

a)

图 8.7 静止的比例。启动阶段（图 8.7a）、15 年（图 8.7b）、50 年（图 8.7c）和 100 年（图 8.7d）场地规划。右灰岩采石场复垦项目的初始化。该项目提出了石灰岩以各种形式和规模的逐渐生长和侵蚀的问题，为教育、生态和娱乐项目的融入而建造一个人造景观。由德温·塞亚斯（Devin Cejas）制作。

9 组块景观

克里斯托弗·马金科斯基(Christopher Marcinkoski)

在一系列与理解概念或表达概念相关的学科论文中,分块概念的变化出现了。例如,在当代心理学研究中,"分块"一词指的是个体的记忆能力,以及人类大脑将相似或相关的事物和信息进行分组以便更容易回忆起来的无意识倾向。在写作中,分块理论是指有意识地将复杂的概念或想法分成更小的部分,以使阅读时理解得更快、更容易。在计算机语言学中,分块是指将一个句子的各个成分进行拆解和分组,以确定该特定组合和词汇顺序的确切含义。从这些例子的背景中,我认为分块概念在不同环境下意义的变化也可以应用于当代景观设计表现的讨论——特别是因为它涉及越来越多将平行投影的使用作为一种设计表达的手段时。

平行投影,通常也被称为轴测投影、等距投影或斜投影,是一种表现模式,最初是为了生成没有光学畸变的技术图纸而开发的。这种绘图方法最早出现于18世纪末,在19世纪初被正式定义为一种技术,它试图用透视之外的方法来描述二维平面上的三维空间。在最初的传播之后,工程师和建筑师们很快就采用了这种技术,因为它为工程师和建筑师们提供了一种方法,通过这种方法,他们可以在一幅图中方便而准确地表示物体在所有三个维度上的尺寸。

20世纪20年代,对于前卫艺术家格里特·里特维尔德(Gerrit Rietveld)和建筑师勒·柯布西耶(Le Corbusier)等人的视觉探索而言,轴测图和等距图的新颖特质成为一种激励因素。到20世纪70年代末和80年代初,这些绘图类型主导着美国建筑领域的论述——它们经常被用于所谓的后现代设计师的作品中,比如约翰·海杜克(John Hejduk)、彼得·艾森曼(Peter Eisenman)、罗伯特·文丘里(Robert Venturi)和史蒂文·霍尔(Steven Holl)等人。然而，在很大程度上，它们在景观设计学表现方面的能力有限。20 世纪 90 年代末，随着数字表现的新工具越来越多，平行投影似乎在建筑表现的主流模式中已经过时，取而代之的是现在普遍存在的（而且越来越容易生成的）透视图。

然而，在过去的十年里，平行投影的变化越来越多地出现在领先的景观设计实践中，包括 West 8 景观设计事务所、詹姆斯·科纳场域运作事务所、STOSS 事务所和 PORT A +U 事务所。我将这种绘图类型称为景观块，并认为其在设计类院校和专业实践中的扩散趋势是景观设计学表现演进中一个值得关注的时刻，因为它提供了一种独特且清晰的方法来描述复杂的、相互关联的系统在时间上的运作过程。

与整个 20 世纪所见的建筑实例不同，本章这些 21 世纪早期的景观设计绘图并不受表示单个对象的精确度量的需要限制，或者受到希望从其周遭环境中提取特定的设计干预等因素的驱动。相反，就像上面描述的心理学和写作的例子一样，从景观表现的角度进行分块与特定条件的隔离有关，目的是为了精确地将注意力集中在特定的条件上。与传达设计意图的特定环境相关联，并独立又相关的信息层的分组才是进行绘图类型部署的基础。在这个意义上，我对"块"这个词条的使用既指条件的物理隔离（从某物中取出一个块），也指解释该条件的细节的方法（将相关信息进行分组，成为在概念上可消化的块）。

此外，分块——因为它与景观表现相关——也意味着绘图类型的合并。而景观设计的表现长期以来一直采用的是平面、剖面或透视，或近来更多使用图表作为传递信息的方式，轴测图提供了一种方法，它可以将以上这些方式所传递的信息折叠进一个单一的绘图类型之中。在这里，该部分被提炼挤压出来，成为平面的一个片段，然后进行旋转，以便人们同时更好地理解平面和剖面。透视的材质和空间质量可能会占据这个挤压剖面的表面，而嵌入图中的关系可以覆盖到整个组合上。当与离散的符号系统相结合时，景观块提供了一个强大的工具，向学科内和非专业观众传达关于城市形式和策略的复杂多样的理念。

在这方面，景观块具有描述垂直信息之间多方面关系的能力，如地形或建筑体量与隐性网络比如公用事业，或者地质条件的关系。"块"可以很容易地描述水平信息与场地组织、规划衔接、交通系统以及材质表面相关的信息，同时描述空间信息，如水面的移动，或空间的封闭程度。物质积累，或人口随时间移动相关的持续性证据可以很容易地用序列或一组景观块来表示，其中对变化的描述是这一系列数组的重点。此外，从沿着陡坡的狭窄步道到城市外围的全新城区，单个地块所包含的范围也是可伸缩的。这种能力的集合使景观块能够提供易于理解的、全面的对设计意图和空间结果关系的表达方式。

犀牛软件、Grasshopper 或 Maya 等数字建模软件与 Photoshop 或 Illustrator 等图形编辑软件结合使用，可以开发出越来越复杂并具有描述性的景观块。在某种程度上，也许这些软件及其相关技术的普及可以看成是这种绘图类型扩散的根源。此外，过度混合地使用景观块当然是有风险的，在这种情况下会产生对实际情况顺序的混淆，进而易使人产生欺骗感，或者在这种情况下，以一种过度通用或不明确的方式显示环境，从而延误了解决方案的设计。甚至也许景观块会被认为太简单，太不符合常规。在另一方面，目前仍然几乎不可能找到另一种单一的传统的绘图方式可以具备如此强大的能力，即提供一种集物质性表达、空间戏剧性、组织清晰度和普遍易解读于一体的方式来描述景观改造提案背后的意图。因此，应用的绘图类型不断增加的现象并不会令人感到惊讶。

　　本章样例如图 9.1~ 图 9.7 所示。

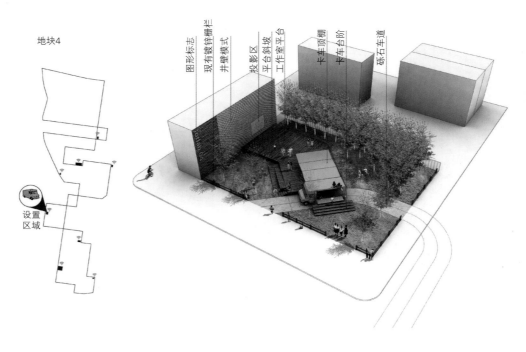

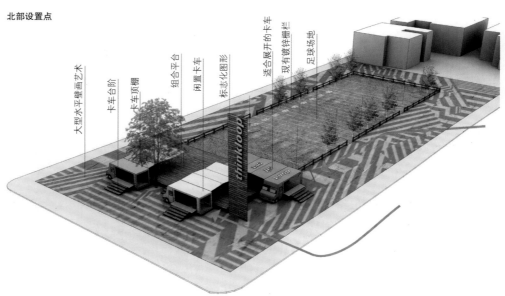

图 9.1 和图 9.2 费城北部的移动学习实验室是沿着社区环路在空地上精心设计的。每个轴测图显示了配置变化的可能性，使用的基本组件包括可拆卸的创新卡车（移动）、市民平台（固定）、照明和 Wi-Fi（固定）、图形壁画（固定）以及新的种植（永久性）。在 Rhino 中构建基本模型，使用 V-Ray 渲染，在 Photoshop 中添加纹理、材质和阴影，在 Illustrator 中生成注释图层和关键平面图。由布莱恩·麦克维（Brian McVeigh）制作。

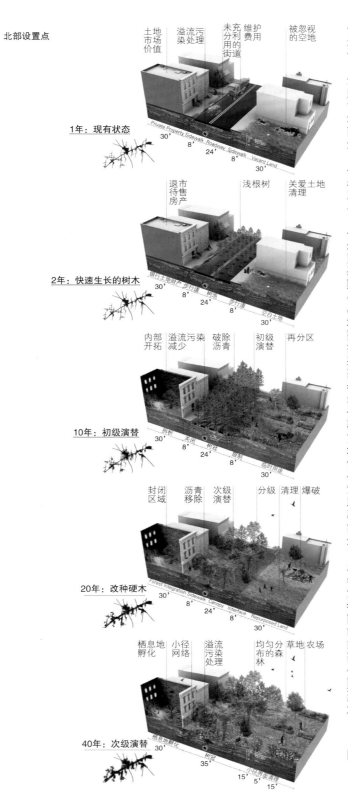

图 9.3　轴测图序列显示了费城北部正处于积极城市造林过程中的典型街道更替和空置街区状态。空间信息，地下基础设施，建筑改造和地面操作方式都嵌入进一个单一形式的绘图类型中。在 Rhino 中构建基本模型，使用 V–Ray 渲染，在 Photoshop 中添加纹理和材质，在 Illustrator 中生成注释图层和关键平面图。

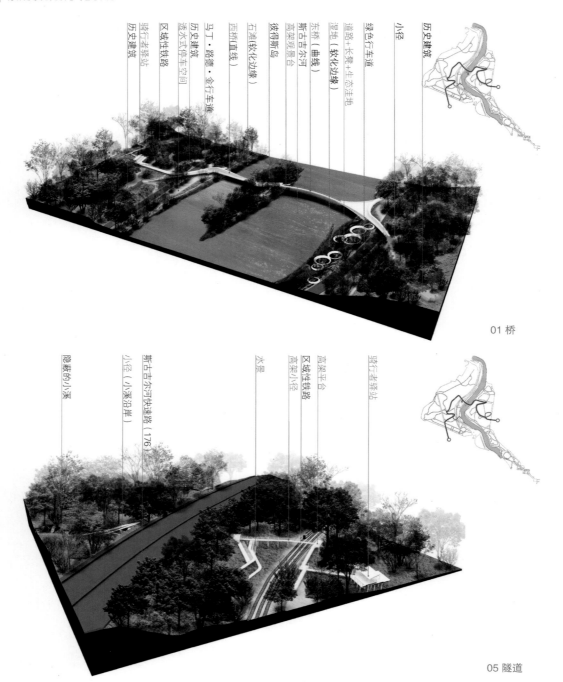

历史建筑

小径

历史建筑

绿色行车道

湿地（软化边缘）

道路＋长廊＋生态注地

东桥（曲线）

斯古苏尔河

高架观景台

彼得斯岛

石滩软化边缘

西桥（直线）

马丁·路德·金行车道

历史建筑

透水式停车空间

区域性铁路

骑行者驿站

历史建筑

01 桥

隐蔽的小溪

小径（小溪沿岸）

斯古苏尔河快速路（176）

水景

区域性铁路

高架小径

高架平台

骑行者驿站

05 隧道

图 9.4 和图 9.5 费尔蒙特公园的东西向步行街连接着公园东侧的布雷默顿社区和西侧的园畔社区。主要使用现有和废弃的交通方式，在这个网络的空隙处部署了一系列新的民用土地。个体干预高度明确性的特质，突出显示在现有公园的深层植被纹理上。在犀牛软件中构建基本模型，在 V-Ray 中渲染，在 Photoshop 中添加植物纹理、材质和阴影，在 Illustrator 中生成注释图层和关键平面。由李志贤（Chi Yin Lee）制作。

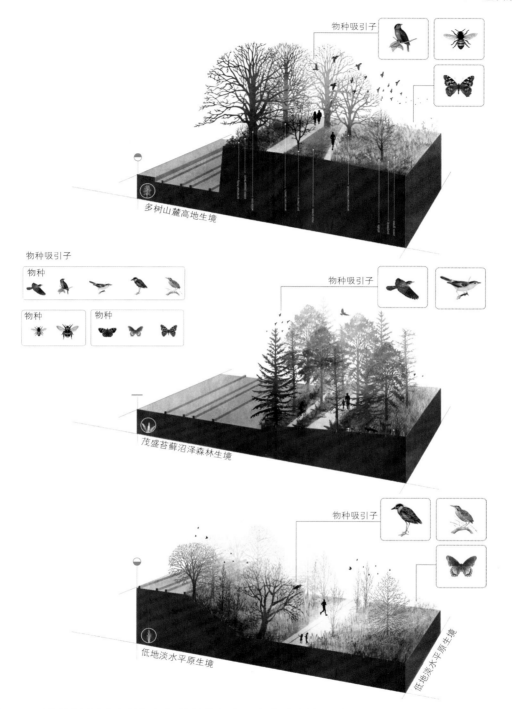

物种吸引子

多树山麓高地生境

物种吸引子

物种

物种　　物种

物种吸引子

茂盛苔藓沼泽森林生境

物种吸引子

低地淡水平原生境

低地淡水平原生境

图 9.6 设计提案通过引入东部特拉华河与西部斯库基尔河之间大都市规模的栖息地走廊，重新定位了贯穿费城北部的东北铁路走廊。生境多样性与特定的空间条件有关。在犀牛软件中构建并渲染基本模型，在 Photoshop 中制作材质纹理和植被，在 Illustrator 中添加注释和物种目录。由杰基·马丁内斯（Jackie Martinez）制作。

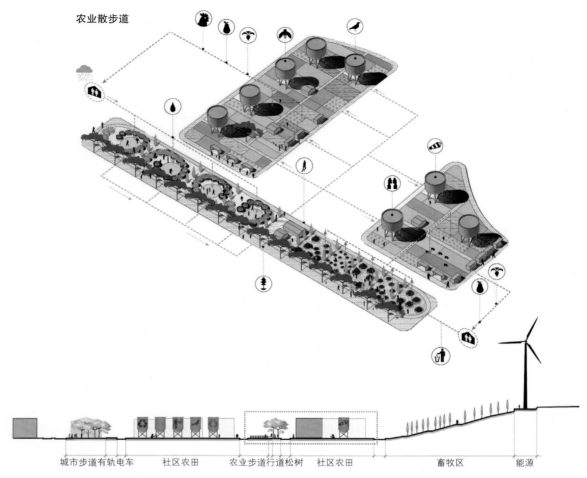

农业散步道

城市步道有轨电车　社区农田　　农业步道行道松树　社区农田　　　畜牧区　　能源

图 9.7 马德里周边未完成的开发区域的"轻"基础设施占比，展示了临时的城市生产性景观。临时土地用途的活动方案之间的相互关系是通过叠加注释图层来进行描述的，表明这些活动经过三个空置街区，它们最终被预留用于集体住房的开发。在犀牛软件中对基本模型进行开发，使用Make2D 命令导出矢量线，在 Illustrator 中使用光栅材质模板和实时跟踪命令进行动画编辑和注释。由亚历桑德罗·瓦兹奎兹（Alejandro Vazquez）和詹姆斯·泰尼慧（James Tenyenhuis）制作。

10 组合景观

玛丽亚·德比婕·康茨（Maria Debije Counts）

　　根据景观的复杂性，通过轴测图来表现景观不仅可以解释设计层中各个层次的复杂性，还可以解释这些系统与空间是如何相结合，从而形成一个整体的体验空间的。轴测图是独特的，它随时准备作为催化剂，去探索这些复杂性，其范围从微小的细节到大型公园和景观系统。轴测图是一种非常有效的绘图方法，它可以将实体设计理念和（或）现有条件结合起来，形成我们最终在 2D 中体验到的"空间"。本章以宾夕法尼亚州立大学学生未建成的概念作品为例。图像选择的主要标准基于显示复杂程度的范围，包括它们所描述的景观，以及它们是如何与设计探索相关联的，而不是数字景观轴测图生成的记录或特定方法的说明。

　　地形轴测图显示了地形地貌在纹理和尺度上的差异。例如，图 10.1 通过在 4 英里范围内的轴测对比，探索了一系列与城市结构截然不同的、自然形成的地貌。这些研究通过在轴测视图中使用三种不同的技术（3D"高程"轮廓线、阶地轮廓线和光滑表面），呈现了形式组成方面符合每个地貌类型的视觉清晰度，从而显示出地貌类型之间的差异。每项研究都在页面上占有一席之地，作为突出独特特征的一种方式。不同研究图之间的标量关系表明，作为地形研究的一种形式，在对清晰的数据作比较时，要考虑到极端的复杂性。在图 10.2 中，一组轴测图测试了尺度和地形，同时增加了深入详细的调查。在轴向视图中，保持三个特定的尺度作为比较每一层的手段，从而对那些复杂因素进行比较。通过这一过程，数据丰富的插图揭示了地理信息系统（GIS）制图作为多尺度查询和表现的目录与分析的一部分，是如何应用于场地特定位置的。

　　当为了达到视觉传递和描绘景观的目的而要获取复杂信息时，如果能看到一个完整的视图和分层，那会是非常有用的。通过在横轴上的轴测描绘中"分裂"景观数据，如在宾夕法尼亚州秃鹰岭尼塔尼山谷的分解轴测图（图 10.3）中，层之间的视觉空间提供了必要的视觉空白展示详细的信息，同时还说明了秃鹰岭的总体地形。这样做的结果就是，高程点和斜率信息，与沿着横断面小山脊的距离，土地使用和本土植物会形成另一个信息"层"，以此来提高图面的表现力，作为对空间理解和空间明确的说明。否则，如果把所有内容都连接在一起，可能会造成视觉混乱。如图 10.3 所示，我们可以想象出场地上可能还会出现的其他动态部分。当与轴测图相匹配时，这个分解截面图就在一个二维图中显示出了多个复杂的三维视图级别。

通过在景观中隔离和分解数据丰富的层，本来不可观测的信息就会暴露出来。这些信息可能是从平面、剖面或模型中可以观察到或者不能观察到的。图 10.4 展示了一个小城镇城市设计项目的空间组合是如何由独立运作的各个层次构成的。这些层次作为组织中的单个系统的同时，又作为一个有凝聚力的系统一起运作。通过分离和分离设计的组成部分，如循环模式、种植和轮廓，每个层次的重要性都会达到一个新水平，让人们可以清楚地看到设计的进一步深入。否则，如果只显示在平面图上，对不同的人们来讲，可能会有不同的含义。各个层的独特组织性，以及它们在哪里融入更大平面，也是通过将已编译好的层组作为一个单独的层来进行说明的。由灰虚线连接的场地线可以引导特定的组件去到它们在平面中的位置。这种技术有助于将一个层与另一个层区分开来，适合于更大尺度的平面，这样，它们就可以很容易地被理解。这些线条是有意识地以相同比例来进行绘制的，并以它们的位置和重叠来实现这种区分度。当每个元素和布局融合在一起时（图 10.4 中的"渲染平面图"部分），它们之间相互加强，以某种或另一种能力增强对每个景观设计固有的复杂空间的感知，并和谐地在一起工作。

理解单个概念和特性是如何运作，与显示平面中的各个层在何处相匹配是同等重要的。景观轴测图的分解对于从较大的场地系统到小细节的描述特别有用。例如，图 10.5 展示了一个抽象化的 40 英亩社区场地的概念设计。在这个场地中，学生们对一系列堆叠在一起的平面层进行了分解，每一层都揭示了其在更大的总平图中空间上的位置。通过把建筑从景观中分离出来，可以理解建筑与景观的组织和逻辑，以及看到它们在何处彼此融入，而避免融入点的视角被另一个对象遮挡。此外，我们可以看到它们如何作为单独的系统独立运行。漂浮湿地的分解轴线（图 10.6）显示了该设计特征的详细尺度。这个简单的渲染图显示了设计的整体形式和其中的组件，人们也可以对设计概念和设计特性的复杂性进行评价。

通过轴测图将材料与场地结构结合起来，对于揭示这些材料在给定场地组织中的应用特别有效。形式和材料共同揭示了一个复杂的相互关联的关系网络。通过这个过程，正如在分解轴测图（图 10.7）和经渲染的轴测图（图 10.8）中看到的冬季的景观一样，正式的几何图形的空间是孤立的，展示了设计的基本原则，当结合在一个轴视图中时，则揭示了这些空间是如何相互关联并体现出充实丰富的规划性结果的。

轴测图用在景观设计表达中可以以清晰、可测量的方式揭示出如何构建复杂的景观综合系统。根据复杂程度，使用与场地勘察相关的各种方法与逻辑来对标量进行比较，从而揭示它们之间的差异。数据可以成为对信息的可视化综合，通过独特的轴向计量学标量比较，为场地清查和分析以及设计提供有意义的信息。隔离层提供了空间，用来查看一些特定方面、数据或操作功能以及它们是如何组合在一起的。复杂的系统可以被分解和编辑，以显示任何给定层的一系列信息，以及它如何在空间中移动。这只是景观复杂性范围内的一小部分，但希望它能成为可视化的力量的灵感来源，让我们知道在哪里以及如何将这些景观部分组合在一起，而不仅仅是简单地把景观看成是所有部分的总和。

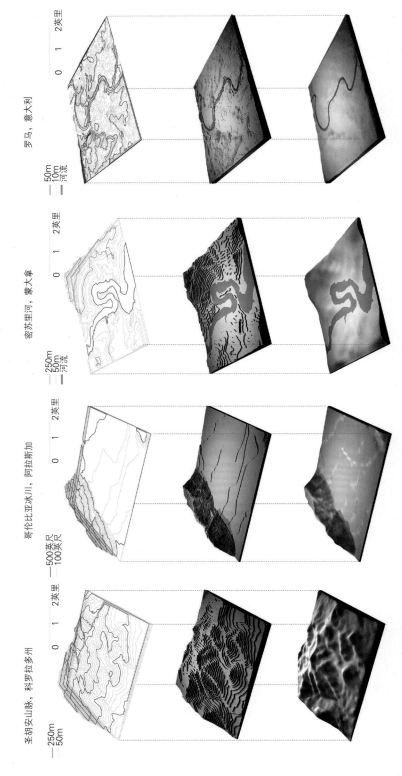

图 10.1 四种地形的轴测图研究，包括山脉、冰川、河流和 4 英里范围内的城市，用以分析地形、高差和地貌。使用 AutoCAD、ArcMap、犀牛软件和 Illustrator 创建图像。由王波霞（Boxia Wang）制作。

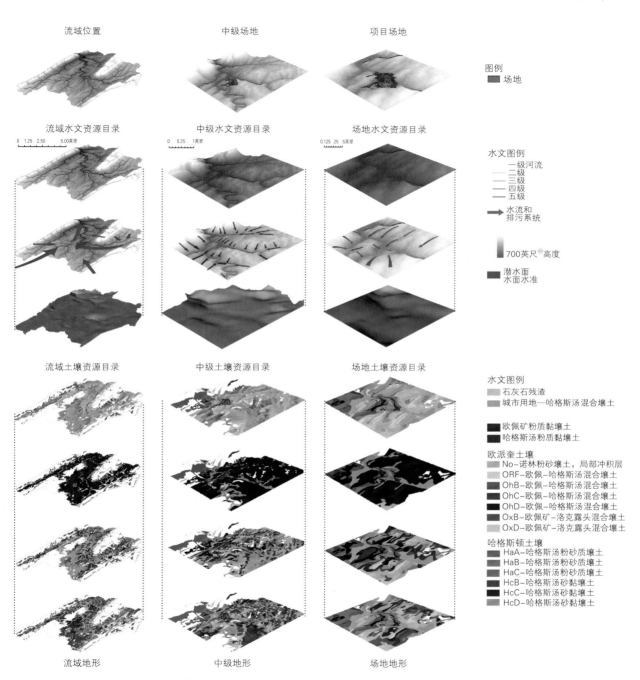

图 10.2 三种不同规模的轴测图调查目录和现有场地条件分析图。分析了与项目场地有关的土壤类型、水文以及地形。图像使用 GIS、ArcMap 和 ArcScene 进行渲染，在 Illustrator 和 InDesign 中进行编辑。由艾米·福斯特（Amy Foster）和香农·肯扬（Shannon Kenyon）制作。

○ 1英尺=0.3048m。

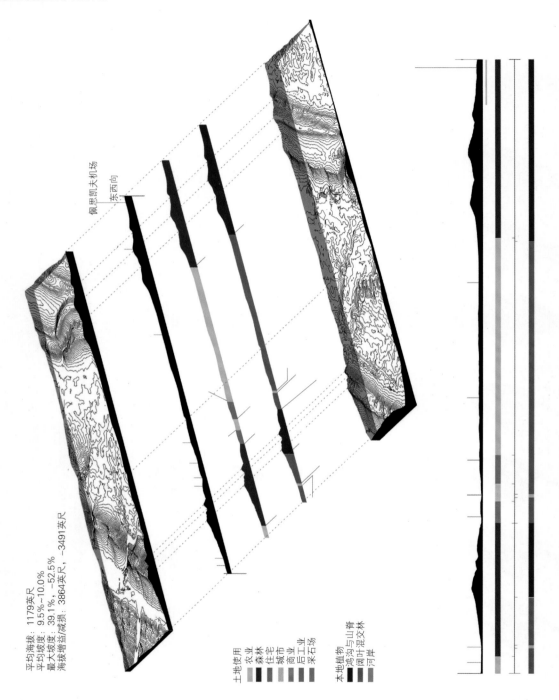

佩思凯夫机场

东西向

平均海拔：1179英尺
平均坡度：9.5%～10.0%
最大坡度：39.1%，−52.5%
海拔增益/减损：3864英尺，−3491英尺

土地使用
农业
森林
住宅
城市
商业
后工业
采石场

本地植物
鸿沟与山脊
阔叶混交林
河岸

图 10.3　通过地形、土地利用和本地植物区系，说明了西北方向的秃鹰岭组和东南方向的尼特尼山组的内部结构，代表了宾夕法尼亚中部地区特有的山脊和山谷结构。距离、海拔和坡度信息以及土地利用和植被带，更好地定位了人类居住模式与贝勒方特的出入关系。剖面图渲染在AutoCAD 中完成，并在 Illustrator 中进行编辑。由朱利安·纽（Julian New）制作。

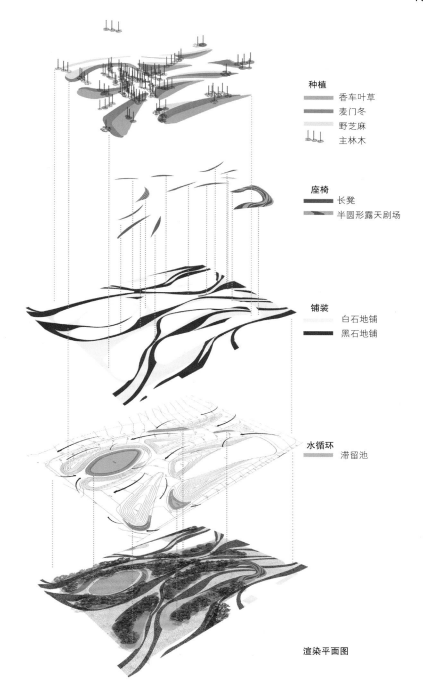

种植

━━━　香车叶草
━━━　麦门冬
━━━　野芝麻
⚑⚑⚑　主林木

座椅

━━━　长凳
━━━　半圆形露天剧场

铺装

━━━　白石地铺
━━━　黑石地铺

水循环

━━━　滞留池

渲染平面图

图 10.4　此图是为宾夕法尼亚州市中心州立大学项目拟制的分解轴测图和一个小型城市公园的总体规划图。虚线挤压线说明了不同的设计层是如何结合在一起的。设计中的每一个隔离层都分离体现在分解轴测图中，以显示其单独的系统和逻辑。图像渲染在 AutoCAD 中完成，然后在 Illustrator 和 Photoshop 中进行编辑。由张杰（Jie Zhang）制作。

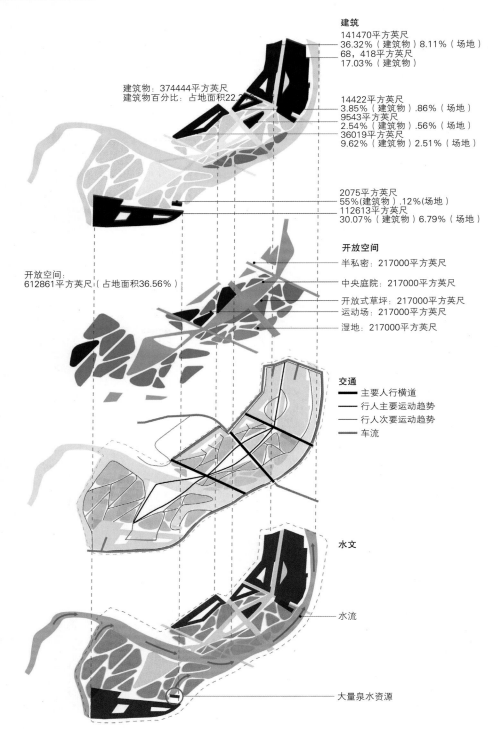

建筑
141470平方英尺
36.32%（建筑物）8.11%（场地）
68，418平方英尺
17.03%（建筑物）

建筑物：374444平方英尺
建筑物百分比：占地面积22.2%

14422平方英尺
3.85%（建筑物）.86%（场地）
9543平方英尺
2.54%（建筑物）.56%（场地）
36019平方英尺
9.62%（建筑物）2.51%（场地）

2075平方英尺
55%(建筑物).12%(场地)
112613平方英尺
30.07%（建筑物）6.79%（场地）

开放空间
半私密：217000平方英尺
中央庭院：217000平方英尺
开放式草坪：217000平方英尺
运动场：217000平方英尺
湿地：217000平方英尺

开放空间：
612861平方英尺（占地面积36.56%）

交通
主要人行横道
行人主要运动趋势
行人次要运动趋势
车流

水文
水流

大量泉水资源

图 10.5 此图为建筑、景观、交通和水文空间关系的分解轴测图。图像渲染在 AutoCAD 中完成，在 Illustrator 和 Photoshop 中进行编辑。由威尔逊·李（Wilson Lee）制作。

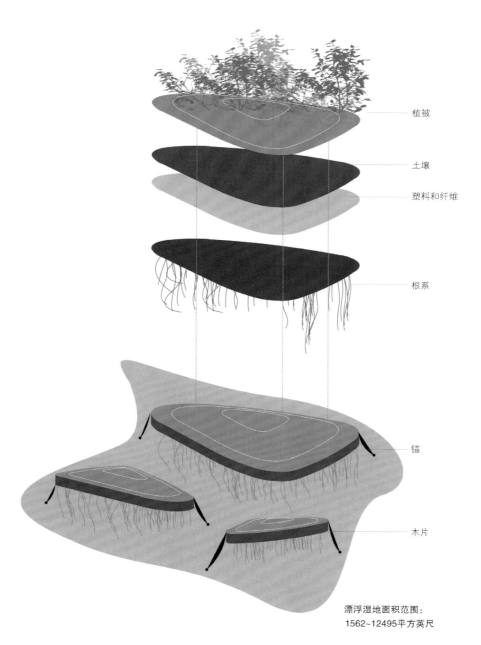

植被

土壤

塑料和纤维

根系

锚

木片

漂浮湿地面积范围：
1562~12495平方英尺

图 10.6 漂浮湿地的分解轴测详图。图像渲染在 AutoCAD 中完成，在 Illustrator 和 Photoshop 中进行编辑。由威尔逊·李（Wilson Lee）制作。

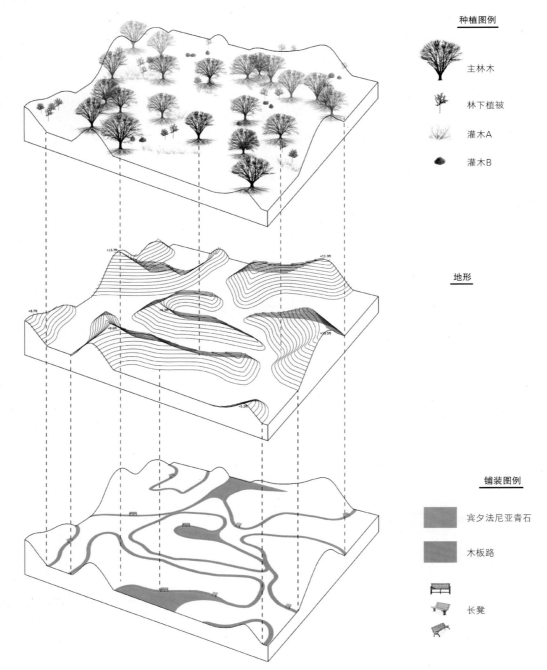

种植图例

主林木

林下植被

灌木A

灌木B

地形

铺装图例

宾夕法尼亚青石

木板路

长凳

图 10.7 三维分解轴测图显示了主要的场地组织，包括种植、地形轮廓和路面。图像在 AutoCAD 中渲染，在犀牛软件中进行三维建模，在 Illustrator 和 Photoshop 中进行编辑。由童真（Zhen Tong）制作。

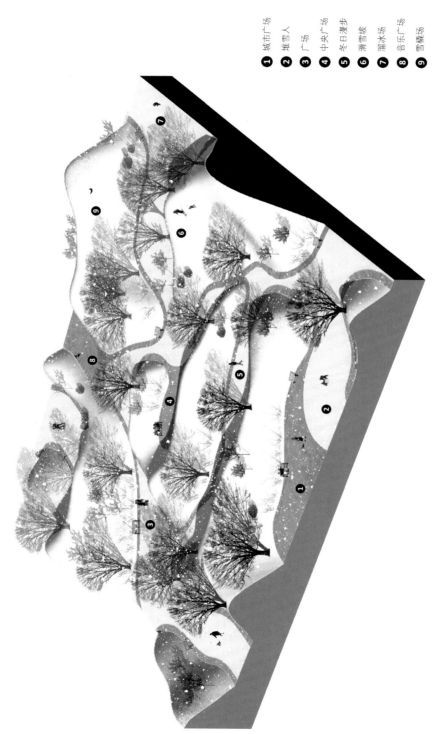

① 城市广场
② 堆雪人
③ 广场
④ 中央广场
⑤ 冬日漫步
⑥ 滑雪坡
⑦ 溜冰场
⑧ 音乐广场
⑨ 雪橇场

图 10.8 渲染过的冬季三维轴测图，展现了其中的重要设计原则和正式的整体场地编排。图像在犀牛软件中创建，在 Photoshop 中编辑。由童真（Zhen Tong）制作。

11 垂直面类型学：
剖面图和立面图的审视

丹尼尔·H·奥尔特加（Daniel H. Ortega）和乔纳森·R·安德森（Jonathon R. Anderson）

　　绘图是景观设计师最重要的技能，因为它不仅是一种视觉表达或视觉制作的形式，也是一种表现批判性思维的形式。在内华达大学拉斯维加斯分校（University of Nevada Las Vegas）的课程中，学生们的任务就是思考为什么要画画以及如何画画。答案通常可以概括成一句精简的叙述，那就是"传达我们的想法"。"当被驱动去考虑每个线条所代表的深层含义时，一个看似混乱的辩证法开始让我们看出绘图的关键挑战不仅是表达、沟通，还应是对那些复杂的、自然的、技术的、空间的、现象学的所有情境的过去时、现在时和将来时的分析、应对以及想象，并通过图形方式进行摹写。"事实证明，完成这项挑战绝非易事。绘图是表达这些场景的一种实用手段，而它们又通过创造新联系，挖掘密切关系，成为一种发现性工具，以揭示场景中"潜在的诗意"。

　　作为教育工作者，我们都投入了大量的时间和精力与学生合作，因此可能开始触发他们投入到对具象类型学和技术的理解中，而这些类型学和技术体现了构成景观设计的复杂条件。我们最感兴趣的是所说的剖面图和立面图的垂直平面类型。在景观设计学中，标高通常用来表达关于景观中物体位置及其空间关系的详细信息，如特定植物的大小及其与景观中其他元素的接近程度。相反，剖面图扩展了立面的正投影，包括通过场地和场地中发现的元素所隐含的实体切片，从而获得场地或结构界面的地形信息，并显示出未经训练的人在过去完全无法看透的信息。

　　我们在这些垂直平面类型学的基础上拓展了教学兴趣点，强调卡莱尔和佩夫兹纳的批判主义，这种批判主义旨在表明"虽然景观平面和透视图在过去十年中实现了高水平的图形更新，帮助提高了景观设计的可视性，但截面表现形式却落后了，没有获得进行相同水平的图形探索和试验的机会。"带着这种批判，我们鼓励学生充分探索剖面图和立面图的强大和表达潜力。在开始这个项目时，我们看到垂直平面类型作为一种探索景观表现的载体得到了越来越多的应用，更特别的是，我们意识到学生们正在接受数字化的复制方法来制作他们的场地剖面。

学生的绘画作品开始逐渐诠释数字媒介在检查剖面图和立面图方面，如何发挥试验和探索的双重作用。我们并没有暗示不能用模拟方法来制作剖面图和立面图去进行探索和试验；相反，数字表现方法才是我们关注的，这与伍德伯里的主张相一致，即设计师认为数字工具是"模糊而自由的"。因此，"模棱两可和自由"的含义为探索和试验提供了优越的土壤。我们认为，数字领域使探索与这些绘图类型相关的工作流程变得更加容易，同时又提供了一种可控的模糊性，允许以一种曾经无法想象的方式构建和操作多层信息和处理复杂性。数字绘图现在可以在许多平台上开展工作。例如，3D 模型用于像素的后期处理和矢量红线的创建。这个过程也可以反过来进行，即矢量在三维建模软件中创建出地形实体。

我们在推动数字化流体绘图过程方面的共同理想已经在帮助学生们培养一种欣赏式的理解，即垂直平面的类型学如何能被用来创建强有力的描述。在这种描述中，场地探索和具象试验可以协同地表现出来。我们收录的学生作品中就使用了多种数字媒体平台，运用多样化工作流程来制作他们的作品。这些图纸中使用的数字媒体软件包括 Photoshop、Illustrator、犀牛软件、SketchUp 和 AutoCAD。学生们通过一个迭代的过程，将景观环境、植物和材质分层放置到相关场地的场景中，同时满足表达项目空间考虑的需要。每位学生都被要求使用数字工作流程作为一种操作和表现具有表达性和信息性的素质，以传达对景观有意义的思考过程。我们希望挑选出的这一系列作品能够加强这种观念，即绘图是形成设计艺术专业（包括景观设计专业）学生和实践者观念的决定性刺激因素。

本章样例如图 11.1~ 图 11.7 所示。

图 11.1 在犀牛软件中创建剖面 - 透视模型，并导入到 Photoshop 中，在其中添加材质、周边环境和天气条件。由阿蕊莉·洛佩兹（Arely Lopez）制作。

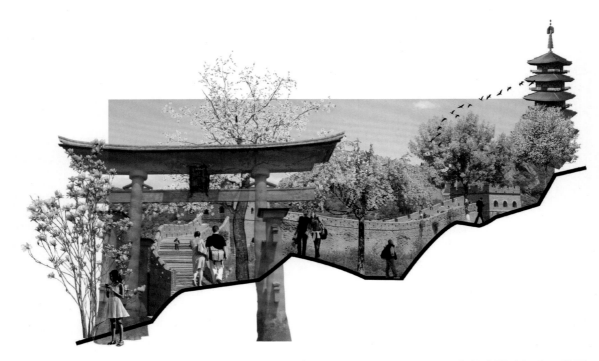

图 11.2 使用橡皮擦、选框、图层、不透明度和模糊工具在 Photoshop 中创建拼贴部分。使用 Illustrator 中的钢笔工具添加最后的剖面线。由坦纳·支（Tanner Chee）制作。

图 11.3　犀牛软件渲染模型作为基本颜色块呈现，并用于地形表达。使用 Photoshop 添加了周边环境、植物素材和纹理。使用 Illustrator 添加路基基覆盖和矢量文本。由马歇尔·科恩（Marshall Cowan）制作。

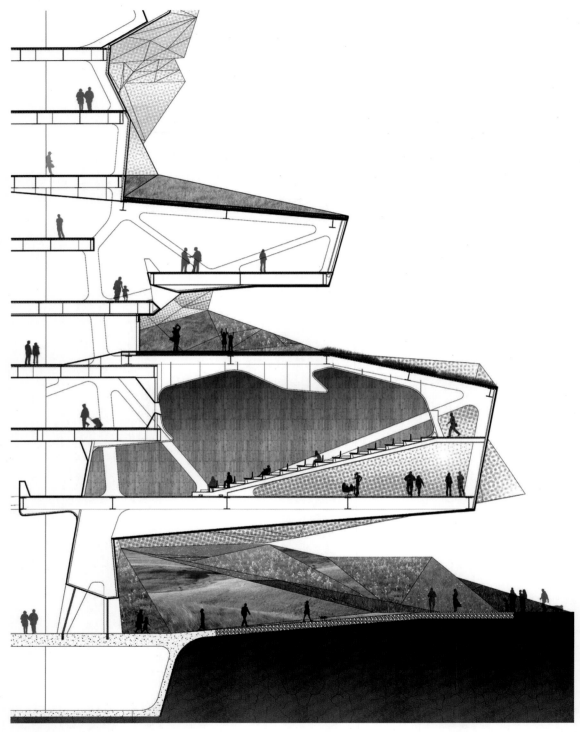

图 11.4　犀牛软件制作的模型剖面，并导出到 Illustrator 中，其中添加了额外的线条，并在景观中使用了一系列剪切蒙版。由尼克·克里斯托弗（Nick Christopher）制作。

图 11.5 和图 11.6 植物素材和周边环境在 Photoshop 和 Illustrator 中被抽离出来。一系列的叠加和蒙版被用来增加复杂性，而不透明度的变化被用来传达深度的变化。由杰米·米切尔（Jamic Mitchell）制作。

图 11.7 场地剖面的探索使用了数码摄影与剖面切割线条、图表以及文字叠加，在 Illustrator 中创建。所有的路基纹理和材质都使用 Photoshop 插入。由迭戈·阿尔瓦雷斯（Diego Alvarez）和雅各布·约翰逊（Jacob Johnson）制作。

12 风景画线条：
显性和隐性线条及其解密方法

迪特马尔·斯特劳布（Dietmar Straub）

景观中藏有无数非凡的记忆。经过数百万年的沉淀，有些消失不见，有些持续沉积。我们可以一层一层或一节一节地去理解这份记忆"档案"，解密景观所记录的历史和故事由此去反观"地理学家心中的景观"。即使与景观鉴赏家、散步者、景观学家和游客心中的景观有一定的联系，但也一定是不同的。我想景观设计师心中的景观也应如此。

景观最让我兴奋不已的地方在于它是看不见的、不那么显而易见地隐藏着，它需要我去观察、探索和发现。

你看到的是你所学着去看到的东西。对景观的感知能力是一项必须具备的技能。它既适用于历史性感知，也适用于个人主观感知。因为那些罗马诗人、文艺复兴晚期画家和懂得如何表现景观的英国园林工人的存在，他们的作品已经变成了能够感知的景观，因此，景观可以称为文化遗产。

剖面和剖立面是按比例绘制的，在设计的所有阶段都是必不可少的，其覆盖了从分析到现场设计和绘制精确的施工图的整个过程。我这样说不是因为剖面和剖面图是景观表现的首选方法之一，也不是因为我正在寻找机会用令人赏心悦目的景观图片来装饰展板，很简单，只是因为我想了解存在于地面上方和下方的秘密，去孕育出一种连接着有形与无形的俯视图。

学生们最初对这一要求持怀疑态度。剖面和剖立面一直被认为是无聊的和传统且无新意的，尤其是在绘图的二进制数发展时期，20 世纪和 21 世纪的媒介变革已经建立了简单的视觉环境，其中的平面图、剖面图、剖立面图、模型甚至是照片在表现方面逐渐产生了完全无法引人注目的趋势。因此，我们必须一遍又一遍地解释和仔细探讨"剖面的深度调查"分析方法及其优点。

横截面不仅在景观中，而且在建筑、工程和机械制造中都是一种常见的表现形式。计算机生成的剖面也用于医学诊断和考古学。被检测的"物体"被进行系统地扫描，并分解成纳米切片。该技术能做到对异常变化的精确可视化，以及控制它们在三维视图中的传播。所采用的程序通常称为计算机轴向断层扫描（CAT）。这种高度技术性的程序对于医疗诊断、提供护理或治疗特别必要。我使用这个例子是为了让人们注意到二维切片图像在景观设计中的潜力。根据问题和要研究的"区域"，可以应用差异程度高的图表、方法和比例尺。

我将参考曼尼托巴专项课题设计研究工作室 2013 年冬季学期的教学案例进行阐述。在加拿大大草原上进行了一系列的野外考察，包括在 −40℃ 的雪地里徒步行走，为学习景观设计的学生们提供了一个难忘的设计考察之旅。

因为所有的"温尼泊人"都住在同一个"超级碗"中，那就是红河低地，一个特别潮湿的地方，这里以每年周期性的洪水问题而闻名。工作室研讨和调查的主题是景观设计学在处理工业化种植养殖和水源集水区、雨水管道系统和环境史、农业和森林砍伐、生态和经济、覆绿技术和温带草原、私人和公共领地以及纵横交错结构和地形等一系列问题时所起到的作用。结合水设计的草原叙述了特定范围的研究兴趣，它涵盖了城市区域和农村地区，而不去考虑城市边界问题。此工作室的研究旅程从红河开始，沿着拉特河继续前行，一步步进入草原脉络系统最繁盛的分支。拉特河水域的作用是保持和净化新的建筑基础设施环境。

这项任务涉及通过景观线条绘制草原的脉搏图。为一个特定的工作室项目，以垂直于草原河流 100m、200m 和 500m 为间隔进行拍摄。在 1∶500 的比例尺中，每一个景观线条绘制的直线长度都是 1000m。线条上面和下面的一切都被记录下来。作为景观线条生成的一个连续序列层状图(断层图)，它们揭示了其中独特的过渡过程和景观变化。

景观线条的使用为"草原脉搏图"提供了空间参考。每个工作室小组都通过在农田的分层水道的特定区域绘制至少三到五个景观线条文件，制作了一份检查清单。对这些"图片"的全面回顾创造出这个水系统的"解剖"关系。景观线条的序列生产及其序列排序为景观调查提供了一种方法。利用这一过程所得到的结果，对理解景观的"生平"有着重要的贡献。景观的"记忆"被层层检验。我们一步一步地在档案中翻找，就像侦探破案一样。

阿兰·德波顿（Alain de Botton）在他的著作《旅行的艺术》（*Die Kunst des Reisens*）中对游客和旅行者进行了区分。在我探索景观的无形之旅中，宁愿不跟随旅游指南或历史故事的节目表指引。我不是在寻找那些明信片主题或壮观的风景照片，而是想了解景观结构和景观设计师如何扮演测量师、地理学家和景观鉴赏家的角色，并保持纯粹的分析性观察者的角度。剖面图会记录下分析性视图。它们被经过精心挑选，按主题分类，并作为景观的一个简短轮廓进行呈现。

用这种方法绘制最深层的景观图层，一定会远远超越风头正劲的 Photoshop 和像素表达。图像将复杂的现实在风景中可视化为上下的简单线条。"我们不仅仅是在观察，而是在深入了解它的组成部分，因此我们能够更准确地记住它。"

划独木舟和雪鞋徒步都是冒险活动。花些时间待在河边或者去感受湿地大草原的寒意，这样可以帮助学生明白朴实无华也可以带来感官享受，它们之间并不矛盾。同时，学生学习设计的许多方面，包括景观与生态、水与光、石头与阴影、野生动物与栖息地、静止与地貌，如画出景观线条有助于提高他们的意识。

无论是在我自己的设计过程中，还是在教学设计中，我都会将使用景观线条作为一种方法。它具有解密一个位置的潜力和能力，获取无形的状态，并通过简单图纸上的线条来进行表达。

本章样例如图 12.1~ 图 12.6 所示。

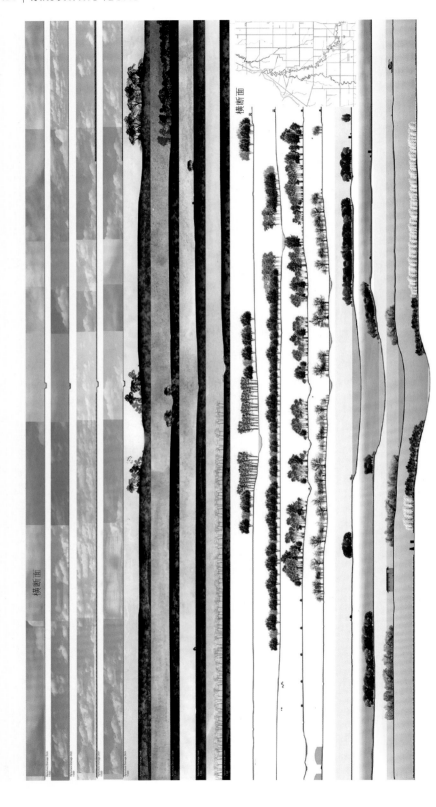

图 12.1 横断面。通过曼尼托巴奥特本以外的 1km 农田的剖面可以看出，图片描述了颜色和纹理的季节性变化。小组决定利用 AutoCAD 和 Vectorworks（3D 建模工具）中的现有地形，以数字方式绘制剖面线。添加了树木和野生动物等元素，以展示不同季节和植物种多样性。由汤米·艾伦（Tommy Allen）、詹娜·阿特金森（Jenna Atkinson）、陈蓓琪（Pui Kei Chan）、米甘·吉斯布雷希特（Meaghan Giesbrecht）、詹尼斯·莱顿（Janis Leighton）、叶明珠（Pearl Yip）、达顿·劳勒（Tatum Lawlor）、雷敏佳（Minjia Lui）、希瑟·史考特（Heather Scott）、达科·萨伊达克（Darko Sajdak）、加特·沃利森（Garth Woolison）和徐海坤（Haikun Xu）制作。

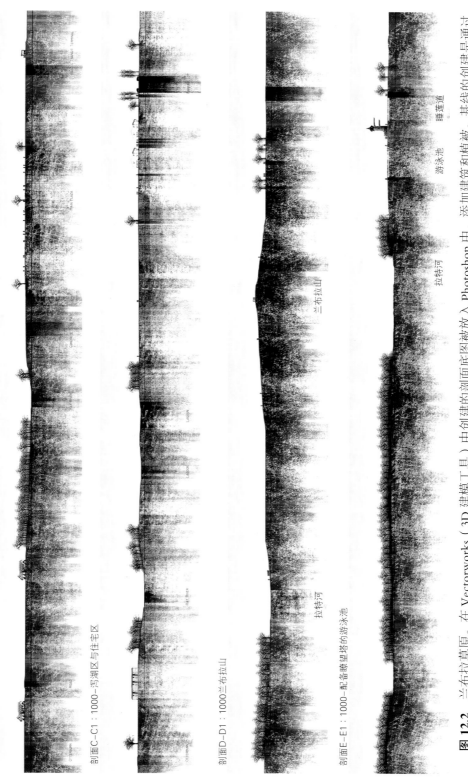

剖面C-C1：1000-冯湖区与住宅区

剖面D-D1：1000兰布拉山

剖面E-E1：1000-配备瞭望塔的游泳池

图 12.2 兰布拉草原。在 Vectorworks（3D 建模工具）中创建的剖面图被放入 Photoshop 中，添加建筑和植被。基线的创建是通过把一张描图纸手绘，再扫描，然后导入 Photoshop，并添加一层纯色。然后在扫描过的描图纸上使用乘法函数。融入剖面，融入剖面在底部擦除 25% 的不透明度。由莎拉·布伦丁（Sara Brundin）、文森特·侯赛因（Vincent Hossein）和安娜·约翰逊（Anna Johansson）制作。

拟议生境与野生稻湿地

奥特本与拉特河场地
1：50000

曼尼托巴枫树

美国山杨

剖面1：500

加拿大蟾蜍

豹蛙

黑脉金斑蝶

图12.3 野米季节产地。小组旨在生动地说明野生水稻的多样性和活力，以及它与项目的中心关注点，即与水和生态意识之间可能存在的联系。简单的剖立面结合了在 AutoCAD 中以 1：500 比例绘制的贯穿场地的线条，利用地形信息来展示景观特征。在 Photoshop 中完成了各元素图层的添加，这些元素有本地树种、野生动物的例子，以及显示稻田季节性颜色和纹理变化的细节，它们都被放置在显示该地区地形的地图之上。由汤米·艾伦（Tommy Allen）、詹娜·阿特金森（Jenna Atkinson）和雷敏佳（Minjia Lui）制作。

图12.4 土壤水分蒸发蒸腾损失总量。本案例研究的重点是复杂的雨水收集和地下水保护系统。为了强调水的重要性，选择了垂直色块，与主要的黑色和白色部分形成对比。用水彩蜡笔创造水，通过扫描波状纸板，获取剖面底部的纹理。在 Photoshop 中应用噪点滤镜。最后，建立立面 CAD 图，植被和人物的照片在 Photoshop 中进行分层。由克里斯汀·斯特拉瑟斯（Kristen Struthers）制作。

旱地
湿地

第一季：土壤与水
1:50

第二季：庄稼开始生长
1:50

第三季：庄稼持续生长
1:50

第四季：庄稼逐渐变成金色
1:50

第五季：庄稼成熟，等待收割
1:50

图 **12.5** 大学校园成长中的田野。所有图像调整都在 InDesign 中进行。在 AutoCAD 和 Photoshop 中绘制剖面图。由安娜·约翰逊（Anna Johansson）制作。

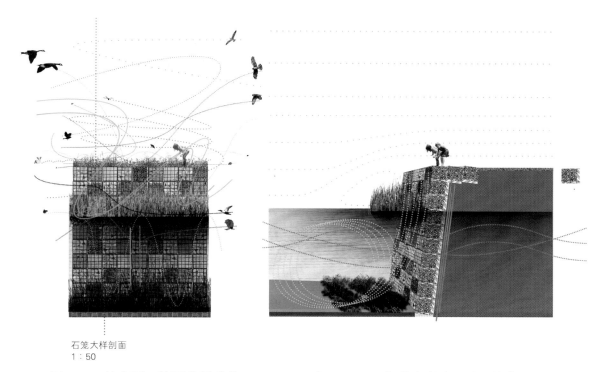

石笼大样剖面
1∶50

图 12.6 笼中石。该图使用手绘、Photoshop 和 Illustrator 相结合创建而成。该作品一开始是一个简单的手绘格宾网结构，表明结构与水的关系，以建立适当的框架、个性和剖面尺寸。然后将这张图导入 Photoshop 中，对不同的纹理和图像进行回溯与拼贴，形成网格，以便在格宾网结构中表达尺寸、形状和材料意图。水体和覆盖的草体被分层放置在网格上，对网格稍微做不透明处理，以表示深度和透明度。该部分在 Illustrator 中完成，添加了颜色矢量线，以表示创建环境中过程和交换的交互性。该作品试图通过想象力和技术表现说明行动路径、物质性、可能性和亲密感。由贾斯汀·沃尔特（Justin Wolters）、林赛·维勒（Lindsey Weller）和凯雷·李森科（Kaleigh Lysenko）制作。

13 剖面图的其他启示：
抽象剖面的起源

安德鲁·哈特尼斯（Andrew Hartness）

我们所知的剖面，或者说立面，对于景观设计来讲是相对较新的概念。维特鲁威（Vitruvins）在《建筑十书》（*Ten Books on Architecture*）中提到了建筑与自然形态之间的复杂关系。尽管对空间和材质有明显的示范，但直到中世纪早期才出现了复杂的比例图。在此之前，饱含远见卓识的建筑形态都是依靠工匠的精湛技艺来规划和布局的。在文艺复兴时期，景观设计在设计图的发展上也遵循了类似的轨迹，最引人注目的是安德烈·勒诺特尔（André Le Nôtre）为路易十四创造了一个复杂而综合的景观。

如果要描述剖面是如何介入到这一学科中来的，那么就需要对剖面应该扮演什么角色，以及它代表"景观"词源中的哪一部分进行一些揣摩……很少有真正的施工文件会存在于任何设计学科中——大多数施工文件都是事后制作的，以用来记录建筑项目的宏伟。此外，由于这些文件的存在，对景观的分析和描述（不一定会被记录下来）以类似的感知形式呈现，它们通常存在于绘画或蚀刻画中。

因此，需要一个具有指导意义的规定来界定所描绘的景观剖面图的相关性。18世纪，随着地产规划和花园设计发展逐渐超越了高级贵族的追求，进入到了商人阶层，说明性"入门"手册真正开始出现。这些指南除了展示建筑的规模和一般剖面外，还对梯台式花园进行了编目。

长期以来，景观设计的"官方"范围仅限于对地面平面的装饰性干预；大型基础设施项目是在"土木工程"的支持下进行的，结构应用则归功于"建筑"。历史上，工程和建筑都使用正交剖面。景观设计师在某种程度上采用了正交剖面，这并不奇怪——从历史上看，正交剖面的表现形式是最不含糊的，其有助

白墨河   斯托克顿堡

杰夫·戴维斯   佩科斯

瓦伦汀   戴维斯堡

玛法小镇

图 13.2

古老的西班牙小径
南部输气干线

图 13.4 射线影像剖面图，使用透明或线框技术来诠释塌陷的深度。这种 X 射线剖面的典型标准包括对复杂地面的同步表现和三维物体的识别。由杰西卡·路舍（Jessica Luscher）制作。

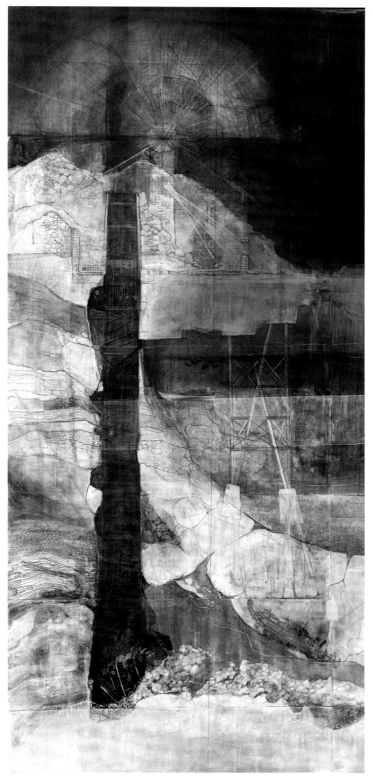

图 13.5 地质剖面描述了一个场地的地质构造。它通常作为从数据调出的基本图像，是抽象空间和实体表现的有趣融合。

洗盥污水：沟槽过滤器

香蒲
宽叶香蒲　　　　水生菰　　　　　灯心草

沙5英寸
沙砾5英寸
沙10英寸
沙砾15英寸

地下水渗透

水　　　　　　表面处理

50英寸深

25英寸深
15英寸深

图 13.6 分析性信息图剖面不受空间现象要求的约束。它们强调系统之间的关系，有人可能会认为，这会让人不理解剖面的名称。由波纳佩·普拉卡马库（Ponnapa Prakkamakul）制作。

图 13.7 过程剖面使用了与信息图部分类似的空间灵活性来说明景观空间中过程或演化的发生，例如侵蚀或植物修复，这样可以强调时间的流逝。由弗兰克·哈蒙德（Frank Hammond）制作。

图 13.8 区间切割是通过透视的深度来描述这多段剖面在更规则或较规则区间内的应用。这种方法让我们可以通过景观的深度了解其演变的特征：场地地形、地质和规划等。由克里斯蒂娜·云妮（Christina Vanelli）制作。

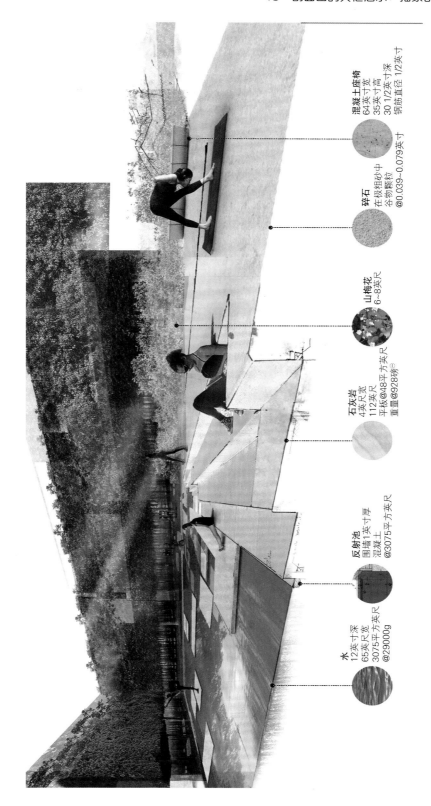

混凝土座椅
64英寸宽
35英寸高
30 1/2英寸深
钢筋直径 1/2英寸

碎石
在极粗砂中
谷物颗粒
@0.039~0.079英寸

山梅花
6~8英尺

石灰岩
4英尺宽
112英尺
平板@48平方英尺
重重@928磅[一]

反射池
围墙1英寸厚
混凝土
@3075平方英尺

水
12英寸深
65英尺宽
3075平方英尺
@29000g

图 13.9 和图 13.10 多重叙述性剖面包括了从一个视角切入几个关键时刻或场所，以揭示正在发生的事情。这加强了贯穿整个项目空间的过程感或叙事的复杂概念。由劳拉·卡布拉尔（Laura Cabral）制作。

14 用透视图感知景观

玛丽亚·德比婕·康茨（Maria Debije Counts）

景观是复杂的三维化活力媒介。它们的图形表现涉及对时间、几何和技术信息的复杂理解。尤其是景观透视图，可以作为一种有效的设计探索媒介，作为一种基于感官的景观设计研究手段的扩展：用于我们与环境之间的协调。这一章的目的是展示宾夕法尼亚州立大学学生们数字化透视图的作品精选。这也是学生工作室设计项目在概念发展的不同阶段，对体验式学习的质量进行检验。虽然所选作品的质量可能在内容、设计过程中的阶段和（或）风格上有相似之处，但我希望大家可以看到，相对于每个学生来讲，他们是如何通过透视画法来检验感知力的。在此过程中表现出的这些相似之处和不同之处，其区别是非常明显的。

三维数字建模的最新进展使得测试景观的空间组成成为一项作业任务，学生们可以在设计过程的早期阶段使用相对基本的建模技术来揭示场地中可感知的几何形状和三维特质。这种数字化的 3D 表现形式可能会对设计的方向产生影响，而这取决于设计的产生方式。三维数字景观模型为我们提供了一个平台，在这个平台上，"空间"或"可居住"区域以及室内外景观都可以很好地被理解。无论在设计过程中采用何种规模或阶段的模型，上述所有因素都会对给定场地的体验产生影响。如图 14.1 所示，利用 AutoCAD 中的等高线和平面图生成了一个数字景观模型。这不仅提供了设计提案场地准确的 3D 维度，而且它的空间安排形式和明显特征也创建了数字化"可占用"空间，由此显示了一个人如何移动的整体通行过程，以及它的构图。在这个例子中，地形、道路、建筑和树冠被构建为经测量的抽象形式，然后有意用有限的调色板呈现，让学生关注他们所设计的景观元素，以及那些"房间"或空间序列元素所创造的空间。

使用这种方法，学生们就可以用数字模型以相同模型的不同视角生成多个透视图。因为这样相对轻松和快速，各种角度都可以拍摄、保存和编辑，并只显示所需图层的信息，所以学生们很快就掌握了场地本身的整体配置，并能够通过视图测试这个部分，然后使用它们为基础设计进行修改。那么，场地是否具有视觉吸引力？形式几何会创造出什么样的空间？会有封闭或开放的空间吗？这些问题都是由这种透视渲染的形式产生的，通过视觉表达景观的 3D 特质。

对一个场所进行检测的时间条件会影响景观和景观体验。透视图中的"数字照明研究"可以帮助将一个空间如何随着时间的推移而变化进行可视化处理。在图 14.2 和图 14.3 中，两个学生通过一天的地形研究来探索时间的概念。时间跨度为两小时的数码效果图揭示了场地上阳光和阴影的戏剧性变化。这个过程揭示了太阳的方向如何影响景观的视觉体验。效果图是由 3D 模型生成的，数字模型中使用了光照和阴影技术，并在 Photoshop 中编辑。自然元素，如天空背景、种植形式和数字素描纹理已经被纳入其中，以暗示透视图展现的是一天中的什么时间，而更先进的照明技术在数字模型中生成，后来又在 Photoshop 中得到增强。针对设计中需要照明的区域，人工照明的探索开始了。由于这两项研究的结果，树冠策略都在两种设计中的一些区域进行了改进，以提供更多的阴凉和开阔的视野。此外，这些透视图引发了一系列的问答，带来了设计的改进。这些问题的例子包括：工地上的照明会受到多大程度的控制？斑驳的灯光是否会在整个场地设计中发挥作用？路径和其他形式的几何图形将以何种程度围绕光照进行编排？如何在一天的不同时间体验场地？

景观的物质性对于环境的内化至关重要。有关材料的概念性想法与如何把这些想法体现在真实的纹理和物质实体之间是存在着差距的，来弥补这个差距通过透视拼贴是非常有效的做法。图 14.4~ 图 14.6 使用纹理和材质，以及各种大气技术来表现季节变化和环境条件，例如在潮湿天气条件下描绘景观的"质感"。

图 14.4 和图 14.5 通过补丁拼贴技术对规划性理念进行了测试。在图中，通过创建图片的基本结构，学生们将材料拼贴到最初以 3D 数字模型构建的特定几何图形中，快速地改变了空间的特质和整体设计理念。这里包括一系列从数字模型中呈现的透视图和一个数字材料剪接库，然后学生们快速地将这些剪接拼贴并拼接到透视图中，以展示新的想法。基础图提供了空间的结构和整体视图，而使用 Photoshop 添加材料的技术是快速和灵活的。因此，有趣的材料和形式相遇，其中一些将保留，而另一些将被另一种基于最佳判断的纹理所取代，学生们通过完成这个练习来进行学习。这些材料和几何形状表明了场地的特定规划范围，在概念设计过程的这个阶段，这是非常有用的。在这种情况下，重要的是测试如何对场地进行提案和使用，以及设计空间的元素如何作为一个地点发挥实际作用。除了通过物质性来测试规划，学生们还通过在冬天绘制图纸来测试全年的规划范围。图 14.7 和图 14.8 用优雅的描绘方式来展示雪山覆盖的冬季场景，实用的冬季景观空间和活动，让人们即使在寒冷的环境中也能对场地进行体验。种植调色也是面临的挑战。前景中添加的山茱萸（图 14.8）为场景增加了框架感，并为整个画面添加了维度和角色感。

本章所涉及课题的研究以及图 14.10 都是展示重要性和扩大规划范围进一步发展的例子。例如，纹理和材料揭示了建筑元素的并行，如桥梁和景观共同形成空间。纹理被应用到模型本身的表面上，在设计的这个阶段，不仅要测试材料的用途去向，还要测试它将如何受到其他因素的影响，比如光线、季节和用途。图 14.10 和图 14.11 这两幅耗费 8~10 小时的绘制作品描绘了更高一级的渲染效果，因此与前面讨论的图片相比，它们更逼真、更准确地描述出了当形式、材质和光线结合在一起时会发生什么。"抽出"画框中的景观元素，创造出空间的"扩展视图"，并将景观中的"设计元素"带入观者的注意力范围（图 14.9）。

　　无论是测试场地的几何形式、时间、材质还是元素，例如水或种植的选择，3D 数字透视都为我们提供了表现景观的平台；复杂的三维逼真媒介，作为一种手段，影响着我们的感知和空间感。从简单的抽象图（图 14.1）到复杂的夜景图（图 14.11），揭示了表现现有场地和设计提案场地的感官特质的方法可能会有所不同。当作为设计工具使用时，未构建项目的概念化经验性透视图，例如包含在本章学生作品中的那些，就展示了不同的方法和结果，这可以有助于设计过程的开发。作为一组图片，它们展现了丰富的动态探究，揭示了景观的感知品质上存在的一些不同之处。

图 14.1 在一个设计性景观测试犀牛软件中创建的 3D 数字模型生成的三张透视图（图 14.1a~图 14.1c）。抽象的树木、地形和路径作为测试场地组成、几何形状和可占用空间的手段。利用三维模型效果图，在 Photoshop 中编辑三张实体化数字效果图（图 14.1d~图 14.1f）。由李鑫鑫（Xinxin Li）制作。

图 14.2 和图 14.3 每天在不同时间进行两小时的透视地形和路径研究。三维数字地形建模在犀牛软件中使用 V-Ray 渲染，在 Photoshop 中编辑。由艾米丽·哈恩（Emily Hahn）（图 14.2）和乔纳森·罗斯·范·瓦格纳（Jonathan Ross Van Wagoner）（图 14.3）制作。

图 14.4 和图 14.5 秋季溪流渲染，探索了场地和季节性表现。在犀牛软件中以 3D 数字模型为基础生成透视图，包括地形和建筑特征。材质、纹理、灯光和人物的数字拼贴在 Photoshop 中完成。由亚历克斯·麦科伊（Alex McCay）制作。

图 14.6 桥梁公园设计的时间透视研究。在 AutoCAD 中创建地形轮廓和场地特点，然后使用 V-Ray 进行纹理处理和渲染。在 Photoshop 中添加灯光、天空和风雨效果。由艾米丽·拉金（Emily Larkin）制作。

图 14.7 10 小时精心绘制的溜冰场和 40 英亩社区入口广场设计项目的草图，在 SketchUp 中创建的三维数字场地模型，在 Photoshop 中增加纹理。由刘洋（Yang Liu）制作。

图 14.8 绿色亭式屋顶和拓扑研究，探索冬季的建筑干预方式和场地方案。用犀牛软件和 Photoshop 创建。由安德鲁·赛法特（Andrew Seifarth）制作。

图 14.9 秋季黄昏露天剧场透视图。从 AutoCAD 线条生成三维设计模型，在犀牛软件中创建表面。在 Photoshop 中渲染出材质和视觉效果。由凯瑟琳·阮（Kathryn Nguyen）制作。

图 14.10 溪桥公园项目透视图,探索景观中的"体验性"。在犀牛软件中渲染数字化场地模型,然后在 Photoshop 中进行渲染。由亚历克斯·麦科伊(Alex McCay)制作。

图 14.11 晚上的露天剧场。图像的生成使用犀牛软件中的三维建模,在 Photoshop 中进行编辑。由秦方(Fang Qin)制作。

15 反向强化：项目可视化中的度量指标和情感表现

安德鲁·哈特尼斯（Andrew Hartness）

很少有学科能像景观设计学那样，在视觉空间范围上可以如此多样化。
它的跨度从湿地公园到城市硬景观再到私人屋顶平台等。

这些空间的现象性和空间性共鸣也是多种多样的：我们可以理解和感受在空间上能够了解到的东西。"景观"是人们直观的理解。一个在景观层面运作的设计项目与人类最基本的深度感知、地平面和想象力会产生共鸣。由于这种深刻的人类学本体论，景观——以及景观设计项目——可以呈现出许多特征：环境、生态系统、地图、媒介和隐喻，这仅仅是举几个例子。毫无疑问，景观隐喻是信息可视化表达用于描述非固有空间数据的首要方法之一。随着景观设计将其目标与更大规模的城市基础设施和区域系统建设相融合，可视化空间的视角也向更高层次和图表化转变。数据的三维"空间化"——无论是用制图学合成，还是计算成它自己的"体量"，或者叠加到其他变量上——都会是惊人的和信息丰富的。在这种情况下，由于空间和数据都是抽象的和量化的，所以它们并不对立。

罗德岛设计学院混合绘图的内心空间

同样有趣的是，在另一个极端——我想补充一下，根植于对立面的一端——罗德岛设计学院的混合绘图课程探索了绘图在更主观、更微妙的背景下，情感和度量指标在空间上的同步合成。将数据度量指标插入定性现象中，重新调整了对经验方面的讨论。当成功做到这点时，这种混合性完形过程让我们内心的想法成为现实，度量指标成为我们的经验，每个特征都可以独立地、空间化地存在。

如果没有为混合绘图添加一些特定的课程注意事项，那就是我的疏忽：①因为这不是一个工作室的课程，没有场地标准或指定的驱动项目的目标。②审美体验的探索重于知识；因此，度量指标应从属于情感，而数据只有在其"宿主"有了相关体验且认为有趣时才会是相关联且有趣的。③数据用于阐明和证明，但最初并不生成设计。

反向强化

这种逆向关系似乎用即兴创作代替了数字策略，用严谨取代了反复无常。但我们的任务不是数字策略的空间表现，而是对一种发自内心的审美体验的重新叙述，这种体验因为有了数据变得更加可信。有趣的是，"数据"通常只有通过图形编写才能呈现出相关性和可接受性。如果争论的焦点是"空间现象性的"，那么争论的范围由感官标准组成则是恰当的。视角、亲密度和关系是由个体审美标准决定的，在情感与理性的融合中起着重要的作用。

衡量景观体验的步骤

要实现对混合关系的极度关注一般包括三个关键步骤：感知、想法并推导（暗指将拉图尔、德勒兹和德博尔的思想进行过滤筛选使用，形成可视化过程）。每一步都使用一种离散的方法来表现衡量体验的不同方式。

我们使用洪泛区可视化，这也可能是对学生们要强调特定视图特征的要求。

视平线高度的景观场地图片或绘图，表现出属性特征：植被纹理、季节、视野深度和广阔感等。我们运用"基于空间现象学"的绘图解读来强调与场所感知相关的属性。将第一个阶段操作的图像称为"容器图像"。这个初始图像应该是一种空间化支架，适用于各种数据集或叙事手法：有趣，但不夸张；中性，但不缺乏个性。容器图像应在肯定体验潜力的同时鼓励编码。景观容器图像在空间、叙事或抽象的关系图中表现得很好。这是因为开放景观的表现较少受到主导建筑表现的材料特性、结构规则和规范的影响。因此，更容易发现新的叙事表达潜力。

在第二步中，我们要确定这些超赞的特征转述成数据的方式。这就是在开始创建对洪泛区的定量解释，或者说是一种理念想法。这个想法在第二步的过程中，获取经过修饰的容器图像，并以数值的形式对其进行重新编码。一些学生提出洪水周期的度量标准，一些学生分析地质构造，还有一些学生研究动植物。原始图当然是存在的，但是必须与抽象的和"空间化"的数据共享其空间，这些数据本身具有纹理、对象和特征的性质。

在第三步中，我们引入额外的度量标准来支持不同的叙述。就像情境主义者对城市的描绘——尽管政治动机不那么强烈——我们重新定位了"经分析"的景观，以迎合新的现实，或者说是一种有组织的推移（衍生）。例如，表达候鸟迁徙走廊、插入数据驱动结构和覆盖郊区发展蓝图，所有这些都提供了另一种叙述方式。这个最后的迭代不是为数据服务的，而是数据揭示了一些要素，那些曾经不存在的体验或预测结果背后的要素。蝴蝶保护区图像体现了这种演示的细微差别。调色板是柔和的；空间感和深度感占主导地位。学生的想法通过当下盛行的风海流、潮汐、地形、物种和手写注释进行了表达。在这里，学生为大斑蝶迁徙走廊添加了迁徙信息，并剔除了在人物的感知区域之外的数据。加拿大大草原郁郁葱葱的景观透视在地图上进行了调整，接着经重新规划的景观中充满了忙碌的工人，从而进行了再一次重新调整。中国梯田令人眩晕的全景强调了地形对农学的影响。等高线进一步增强了景深感。在这种情况下，学生们在三维景观中推导出空间重构的季节性数据化叙事。在这个景观交替身份的新叙事方式中，存在着一个项目的前身，或者至少是一个经验丰富的体验。这一创造性的过程不正是学生们选择设计学校的首要原因吗？

最后一个原则，也是和人类自身发展历史一样古老的原则，勾勒出一个基本的表现准则。维特鲁威特质中的第三个，维纳斯是集成熟、完美比例、魅力、美德和崇高的含蓄气质于一身进行塑造的。学生们的绘图促进了理想化的体验，并解释了现象不仅是体验的载体，而且是自身的载体。他们的美——或者更现代的表达应该是，他们的审美情趣——确保了他们的叙述可以被流传下去。它是一个过程的最终的视觉合成，这个过程表达复杂的故事，并会留下值得人们铭记于心的手工艺品。

本章样例如图 15.1~ 图 15.12 所示。

图 15.1 学生强调的是支撑 "场所营造" 的特征，而不是规定的设计。在 3ds Max 中制作了一个简单的数字模型。使用这个数字模型作为基础层，学生在 Photoshop 中配置了蒙太奇，使用缝合的照片，混合和褪色手法以及不同程度的饱和度。数据矢量和信息图层让我们的体验得到了很好的分析和校准。由杰西卡·吉尔（Jessica Gill）制作。

图15.2 加拿大大草原上的生产性景观，以地图方式进行界定，用来呈现和强调干预的地域规模，接着在一个充满汇碌工人的重新规划过的景观中进行再设计。这张图片是在 Photoshop 中创建的，通过有迁移感的方式添加了环境，营造出一种图面的化学反应。由克里斯蒂娜·云妮（Christina Vanelli）制作。

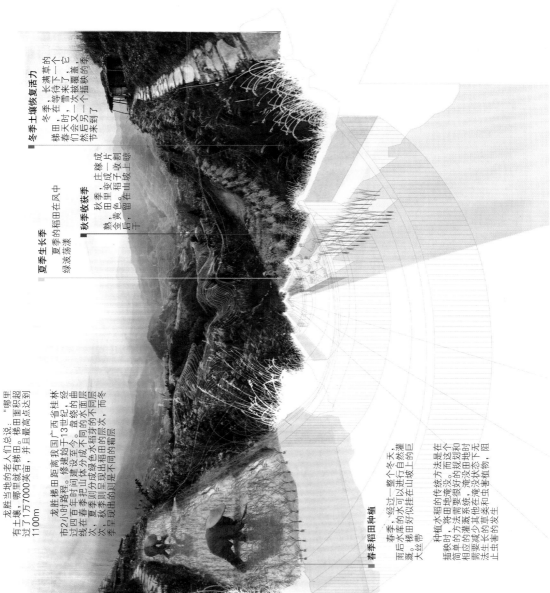

图 15.3 受中国梯田旅游照片的启发，该图图像被用来辅助空间分析。场地地形数据叠加（在犀牛软件中实现），空中透视和种植区域丰富了这张全景图，用 Photoshop 合成。此容器图像可以作为良好的模板进行进一步绘图或使项目透视图拥有令人惊叹效果。由杰西卡·路舍（Jessica Luscher）制作。

图 15.4 这幅图是某项目的一部分，该项目讨论经济衰退时期的移民经济学问题。结构和框架在犀牛软件中建模，并在 3ds Max 中渲染；平面图形在 Photoshop 中进行叠加。由艾伦·托比（Aaron Tobey）制作。

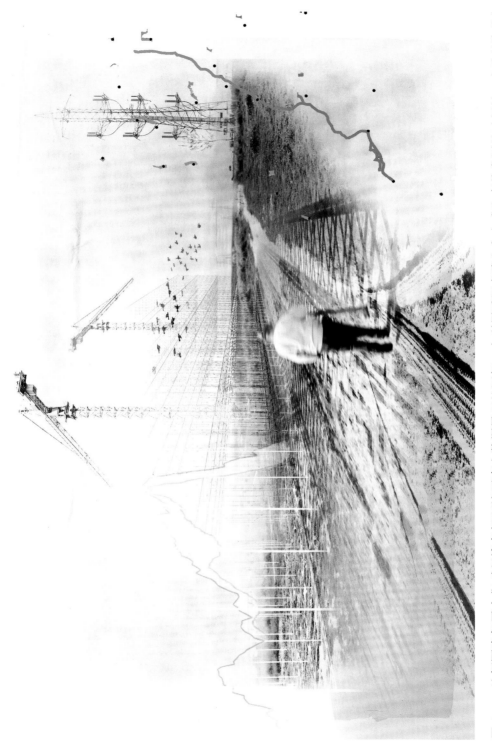

图 15.5 这幅图唤唤起了人们对经济危机环境下真实数据景观的回忆，它利用透视来建立方向感和事件发展的时间。暗示经济的复苏。在空间上，它将这一分析框架设立在著名的圣詹姆斯大道范围内。并通过化学转移加入平面图数据。在 Photoshop 中组合各种元素，由艾伦·托比（Aaron Tobey）制作。

平面图

天然泳池

迈阿密河

人工湿地
水净化系统

图 15.6 此项目位于迈阿密。基础设施、娱乐项目和洁净的水面通过空间区域的拼贴来表达：包括地平面、垂直桥梁结构和情景规划。通过过度曝光和光线叠加、体验感的融合加强了所要表现的"迈阿密感觉"。由弗兰克·哈蒙德（Frank Hammond）制作。

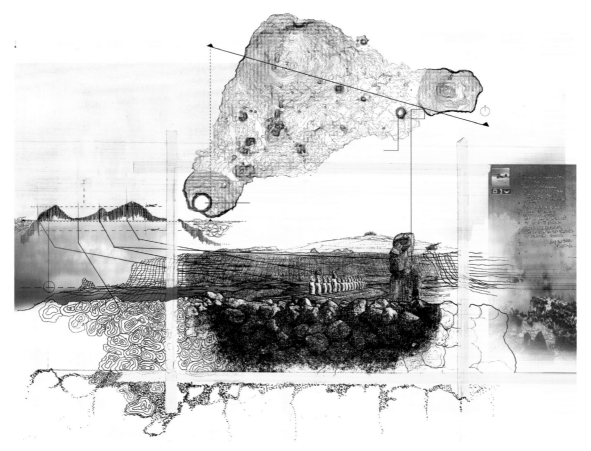

图 15.7 这是学生们在复活节岛上的一系列草图，他们在草图基础上扩展了视野范围，增强了空间感，并为地质数据提供了额外的空间。草图绘制和数字增强的反复过程，使它们更有草图感，又更数字化。由弗雷德里克·米亚德（Frederick Meatyard）制作。

图 15.8 以广角景观透视开始，学生使用 Photoshop 中的各种混合技术进行绘图、草图和彩色纹理的扫描与转换，从而与其他的项目图表相对应。线条模型是在犀牛软件中创建的。由松本庆子（Keiko Matsumato）制作。

图 15.9　通过多步骤重复的过程，包括化学转换、传统化和数字化拼贴，以及大量的 Photoshop 操作，画面呈现出一个连贯的石墨调色板，以此展现同一个地方的不同光场景。由波纳佩·普拉卡马库（Ponnapa Prakkamakul）制作。

图 15.10　这幅景观画从孩子的角度强调漂流式的体验。对各种现象和对象加以程式化，以创建一个体验性的认知地图。这是应用 Photoshop 和手工材料完成的。由波纳佩·普拉卡马库尔（Ponnapa Prakkamakul）制作。

种植土

废料

黏土地基

路基

图 15.11 这幅图案出的是在一个巨大的起伏草地景观中，对基础设施进行转换的艺术性解决方案。在 SketchUp、犀牛软件和 Photoshop 中创建，它融合了草图的数据显示风格，并将社交体验活动融入到飘缈的光线之中。由肖恩·凯利（Sean Kelley）制作。

图 15.12 "寒冷的感觉"是这位插画作者想要表现的主要目标之一。地形数据、风矢量和路径研究加强了湿地景观的沉重现象和氛围特质。这幅图是用Photoshop合成的。由泰勒·基金斯（Tyler Kiggines）制作。

16 **盘旋透视技法**

大卫·弗莱彻（David Fletcher）

鸟瞰图已成为最强大而又形式简洁的对大尺度景观的表现手法之一。近年来，这种图像类型已经取代了传统的正字法表现，成为景观设计表达的主要方法之一。没有任何其他现有的表现形式能够如此向人们传达空间的构成。这种视觉结构的使用和普及是由许多因素造成的，比如广泛可用的网络资源，在其中可以找到关于现有场地的航拍图像，以及最近无人机在景观图片拍摄中的使用也越来越多。这也都是由于计算机能力的提高，整套新的复杂的渲染程序投入使用，而且其中许多都是为电影和视频游戏行业而进行的首次开发。这些软件程序可能超出了普通设计专业学生或小设计公司可以操作的能力范围，但使用它们输入相关地理学信息，复制风化现象、光合作用、空气和生态交替，就可以制作出一望无垠的景观效果。

创建鸟瞰图的第一步通常是生成背景图像，从而表达出给定的景观设计。根据可用时间、场地平面和近似程度以及图形意图，此背景图像可能是网络生成的航拍图像，也可能是场地的 3D 模型。直到最近，用于创建空中透视的原始素材还很稀少，而且基本很难获取。基于网络的搜索引擎应用，通过允许访问覆盖在 3D 地形上的平铺卫星图像，彻底改变了人们观察地球的方式。谷歌地球源图像可以非常好地表现大型场地或整个城市，但作为规模化场地的表现和分析的资源却相当有限。幸运的是，许多搜索引擎现在也提供了基于卫星的场地鸟瞰图像，允许用户围绕现有场地旋转角度，选择用于表现的源图像。在某些情况下，个人还可以参考地理信息，并将 3D 模型上传到谷歌地球等程序中，以便查看、评估和协作。如果更深入地去挖掘网上的信息，你可能会从业余爱好者和专业人士那里找到各种各样的航拍基础图像。其他可选择的图片信息资源平台还包括风筝航空摄影（KAP）网站、热气球摄影以及拍摄和记录城市的商业机构和私人飞行员。

第二步是创建一个二维资源集锦，该集锦可用于分层和对空中渲染进行填充。应明确的是研究源航拍图像所用的有利位置，这样作者能够从相似的位置收集到可能传达项目本身、物质和结构的源图像。考虑到一天中的时间和太阳的角度问题，对源图像中的定位问题也应该进行研究，使预期效果图具有严谨的连续性。风筝航空摄影（KAP）和无人机（UAV）摄影等平台是资源特别丰富的场地图像来源。在这些图像中，人们可以找到公园、海滩、广场、湿地和城市的航拍照片。大部分的特色资源可能会在 2D 的"高海拔环境"系列中找到。这些集锦可以在网上找到，其中包含一些预先修剪过的图片文件，以便于插入到图像文件中。二维高海拔资源几乎可以用于任何选定的有利位置，但随着有利位置海拔的升高，它们的平面度会变得更加明显。

第三步是开始构建空中渲染的过程。Photoshop 是最流行的空中渲染软件之一。它用于在航拍底图上固定和插入图像，并使用精细加工技术来表现非凡的效果。航拍图像的构建主要分为四大类。它们包括 2D、2.5D、混合 3D 以及 4D。每一种都可以根据诸多因素进行选择，如场地规模、设计复杂性、源素材的可用性、图像作者的可使用时间、场地系统和动态以及需要时间投影的程度。2D 到 4D 的范围取决于使用 3D 建模和实际渲染的程度。在 4D 范畴中，作者可以使用动画，例如穿越或使用序列图像重复来表示随时间推移的阶段转换。

第四步是为渲染图编织出一个概念和故事。这对所有图像创建都至关重要。在你所要表现的东西背后有着怎样的故事？人们在做什么，这些活动与他们所处的环境有什么关系？现在是什么时间？令人满意的图像总是围绕好的故事和事件进行构建的。

最后一个步骤则包括了一个精加工技术的过程，这对上面提到的所有类别都是通用的。这些技术和步骤将在本章最后详细讨论。

2D 是一种快速而单调的表示形式，其透视图一般由覆盖了树、建筑体和人物等素材资源的2D 航拍底图图像组成。这类图片的构建不需要三维建模、材质渲染或阳光投影。这可能是最纯粹的空中图像构建形式之一，它可以很好地快速表现大规模场地中的干预措施，不需要太多的细节，旨在传达景观结构、建筑体量和比例，以及场地与其直接环境的关系。场地空间和结构可以绘制在一个基于矢量的软件程序中，比如在 Illustrator 中，然后转移到光栅程序中，用于插入空中渲染图。这个空中渲染从选择作为背景的航拍图像开始，然后根据需要在 Photoshop 和 Illustrator 中应用这些资源来传达设计意图。对于这种类型的图像，低分辨率基础的航拍图就足够了，但需要注意的是，为了提供图像的复杂性，需要使用更高级别的图像和分层。航拍图像资源，如上述 KAP 网站的资源，可以覆盖在基础航拍图像上，来传达出物质性和纹理。通过使用透明的黑色笔刷或形状，并使用已被做成黑色并加以覆盖来传达阴影区域的那些资源，垂直元素的阴影在该过程的最后进行添加，以挤压出图像。

2.5D 是在大多数空中渲染中使用的技术。使用基本的 3D 建模，尤其是在 SketchUp 或犀牛软件中，是为了建立一个单色地形平面以及增加建筑和景观的结构。模型在没有进行材质贴图的情况下被简单而快速地呈现出来，创建出一张空中底图，在上面进行图像资源的覆盖。在任何情况下，这种技术都需要一个渲染过的 2D 底图平面，它可能是在基于栅格或矢量的程序中生成的。这样做所要实现的目标是使用和修改平淡的地图平面，使它可以作为一个空中渲染图的基础。最简单的技术是把一个说明性的平面图像进行简单扭曲和倾斜，使其适合于空中效果图的底图。在 Photoshop 中，这将需要使用转换（transform）命令并手动加强的场地平面，以便它能匹配到空中底图中。匹配结果永远不会是完美的，但这会是一个快速的方法，能让作者在 3D 空间中分离出 2D 资源来进行效果图的构建。渲染后的场地平面图的颜色和纹理也将传达出少量的地面材质信息，在此基础上可以用更复杂的材质图像叠加来进行详细说明。

3D 渲染变得极其复杂。创建与真实环境难以区分的虚拟环境是过去几年一直想跨越的门槛。要精确渲染出一棵树上的数千片叶子、树冠上的光线以及树皮的纹理，可能需要数小时。在大尺度的景观表现中，由于前期大量的时间投入到精细模型的构建中，这些技术很少被用到。基于这些原因，所使用到的最有价值的技术是混合 3D，在这种技术中，一张渲染效果平淡的平面图被插入到建模程序中，并进行修改，创建出纵向清晰度，或者在一个构建好的地形上覆盖相同的平面图。与之前技术的区别之一在于，它是使用 3D 资源（树、人等）和中立色彩的表面纹理贴图来传达纹理和物质性的，例如可以用植被、水和硬景观来完成。在这两种情况下，最终的目标都是快速开发一个基本的 3D 场地平面，在此基础上创建 3D 对象或对 3D 对象进行分类，并应用一般的材质和纹理来帮助最终 2D Photoshop 空中渲染的完成。最快捷的方法是将渲染好的平面图导入 SketchUp 中，将其放大，然后直接从平面中挤出纵向垂直的元素。然后，通过对轮廓线的处理或使用 SketchUp 软件中沙盒工具，可以修改单调的效果平面来创建地形。该过程的下一步是对地形偏移之前创建的三维垂直结构和空间进行重新配置。最后一步是插入 2D "面对我"（face me）的资源，本质上是将 2D 对象旋转到垂直于观察者的有利位置。渲染材质的目的应该是创建简单的纹理和颜色域并生成阴影，而不是尝试逼真的渲染。

一旦最终合成，所有透视画面将需要进行修整。应该指出的是，修整技术是效果图构建中最关键的步骤之一。Photoshop 的修整技术旨在统一不同的源图像分辨率，增加图像的复杂性，实现特定的情绪和氛围，并营造图像的深度。它们还可以结合起来创建一个独特的单独图形表达形式，这应该是每个图像作者的目标。最终的组合是平面的，它抛开未使用的层，创建一个简单灵活又有效的文件。最终的图像将包含许多可能已经插入的不同资源，这些资源可能具有许多不同的分辨率。它们将需要通过模糊化功能和"噪声添加"过滤器的应用来进行平衡。总之，设计师们可以运用分层效果的结合、变形、改变透明度、稀释（在空中环境下提出景观设计）和叠加混合模式、模糊技术和燃烧的边缘效果来实现最终想要的独特画面，并捕捉空间的特质，通过空气透视法创建一种深度感。

随着计算机能力的增强，随着新的 3D 软件变得更容易获取，最终用于表达复杂景观的 2D 图像的创建将过渡到完全沉浸式和交互式环境中。我们开始逐渐看到这种转变，越来越多的人正使用视频游戏引擎来表现景观，在其中个人可以完全在 4D 的环境中伴随着声音效果、大气效应、运动和生长过程来进行体验互动。可以预见的是虚拟现实的最新进展将从根本上改变景观设计师设计和表达设计的方式。虽然图像创作的技术和技巧可能会发生变化，但我们如何创作图像背后的文化内涵和艺术表达却不会发生任何改变。

本章样例如图 16.1~ 图 16.7 所示。

图 16.1 使用风筝航空摄影（KAP）图像用作材质覆盖。Grasshopper 生成泰森多边形交通网络。其他使用的软件有 Photoshop、犀牛软件、Grasshopper 和谷歌地球。由尤利娅·格雷比扬基纳（Yuliya Grebyonkina）制作。

图 16.2 带有透视平面图素材的犀牛模型，以及照明效果、透明的动感人物图像层。使用软件包括 Photoshop、犀牛软件、Grasshopper 和搜索引擎。由尤利娅·格雷比扬基纳（Yuliya Grebyonkina）和卡西奥帕·麦当劳（Cassiopea McDonald）制作。

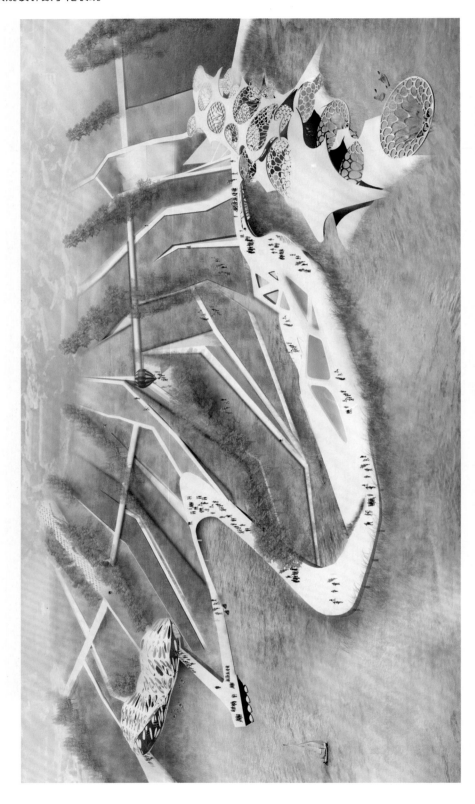

图 16.3 Grasshopper 生成的出入口和亭子，通过 3ds Max 让其光影更清晰。其他使用软件包括 Photoshop、犀牛软件、Grasshopper、SketchUp 和谷歌地球。由梅丽莎·帕金森（Melissa Perkinson）和雅斯明·奥罗兹科（Yasmine Orozco）制作。

图 16.4 手绘描图扫描和覆盖，使三维部分清晰可辨，并增加了复杂度。软件使用包括 Photoshop、犀牛软件、Grasshopper、SketchUp 和谷歌地球。由弗雷迪·林（Fredy Lim），加勒特·罗克（Garrett Rock）和哈里森·周（Harrison Chou）制作。

图 16.5 三维结构和阴影在犀牛软件中生成，清晰度在 3ds Max 做渲染。其他使用用软件有 Photoshop、犀牛软件、Grasshopper、SketchUp 和谷歌地球。由布莱克·史蒂文森（Blake Stevenson）、凯莉·杭（Kelly Hang）和陈道尔（Taole Chen）制作。

图 16.6 SketchUp 和犀牛软件模型在 3ds Max 中使用单色进行渲染。其他使用的软件有 Photoshop、Grasshopper 和谷歌地球。由永泽（Wing Tse）和玛丽亚姆·纳萨健（Maryam Nassajian）制作。

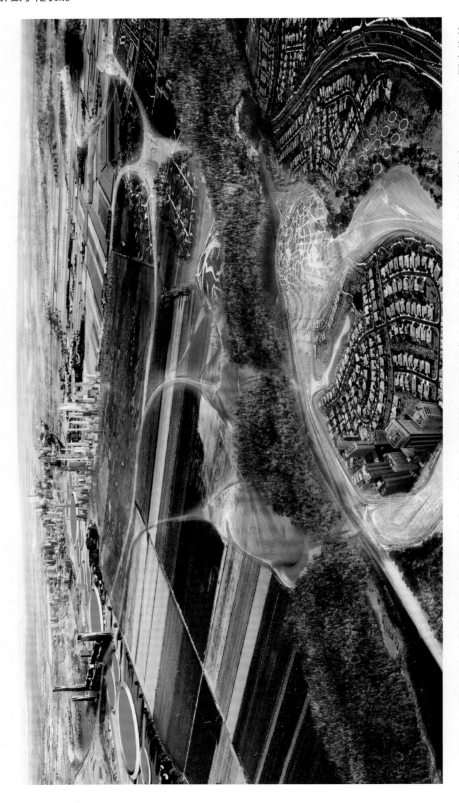

图 16.7 以各种灰色调航拍环境的拼贴图作为背景，上面覆盖由玛雅技术生成的非晶态图案。使用的软件有 Photoshop、犀牛软件、Grasshopper、SketchUp 和谷歌地球。由迈克尔·巴克（Michael Barker）、康妮·杨（Connie Yang）和希兰·布加乌德（Hiram Boujaoude）制作。

数字建模和制作

17 土地开拓和地表构造

何塞·阿尔弗雷德·拉米雷斯(José Alfredo Ramírez)和克拉拉·奥洛里斯·圣胡安(Clara Olóriz Sanjuán)

伦敦建筑联盟学院（AA）景观都市主义学硕士生们致力于将景观视为一种在地域尺度上实践发展的环境。这种做法一方面涉及地貌（地表构造）的地质形成，另一方面还涉及那些实际的文化力量、政治力量和经济力量，它们推动并设计了这些地域的社会形成（土地开拓）。

对这些概念的理解是我们开展工作的最原始材料，可以帮助吸取知识，从地貌学和（或）社会学等领域进行了解，并表明了景观都市主义的种子其实来自于认识地域生产力背后的"引擎"。因此，地域形成被看成是人造景观的集合，需要相关领域中的多学科知识去解读，因为它是由无数的物质和社会以及动力学过程塑造而成的。

从根本上来讲，这些土地开拓和地表构造的地域组合是文化的产物，来源于不断的、无情的，又充满冲突、斗争、变化和转移的人类活动和自然活动，这些活动存在于法律或体制框架之内或之外。它们是特定历史进程和政治结果的产物，是景观城市地域实践的核心。

景观都市主义硕士生课程所涉及和应用的媒介对这些核心关注点进行了研究、调查和测试，多学科方法主要是用于不断生产和迭代数字化模型、制作和表现地表构造（蜿蜒的河流、海岸侵蚀、沙丘、河岸景观、三角洲地貌）；构建反映土地开拓的地域的新地图数据（生产动态和过程、土地行政和管理、基础设施和后勤系统）；通过协调它们之间产生的摩擦，最终为都市主义和地域组织架构的其他模式提供来源。

地表构造

地表构造是指地球表面的物理结构和属性，它使人类聚居和自然栖息成为可能——简而言之，就是构造。因此，对地表构造的模拟发展成一种对物质性和原则进行理解的方法，这些物质性和原则在空间和结构上被组织起来，成为各种形状，这就是成果的实体呈现。然而，这些模拟并不追求对自然系统的复制或原则的模仿，但可以作为对其中的逻辑和流程，以及互动方式的理解，揭示为了应对自然和社会之间的冲突与差异，有可能产生的不同形式或组织。

因此，构造—地表的模拟可以看成是一种构造装置，它具有表达和协调人类与自然的互动能力，为地表提供了进行表达与呈现的框架，在框架中可以进行干预、修改或对某些属性进行增强，又或者执行相反的措施，比如抑制、隐藏或隐藏进其他属性。

在这方面，模拟工具成为一种生成性工具，可以发挥调节和改变的作用，在满足它们自己实体需要的同时，与那些会影响或将影响其形成的特定社会动力相渗透，从而获取与景观都市主义地域性实践的相关性。

土地开拓

土地的开拓可以被定义为将社会化（经济、文化、政治）过程和动态变化关联，形成跨越整个区域的、不同规模的联系、网络和系统。在许多情况下，它们是在特定的模式或空间组织中实现的（农业用地、城市枢纽、土地所有权模式、基础设施网络和物流设施等），这些模式或组织又反过来对地域进行塑造和布局，以促进地域的管理、分配和（或）行政管理。从本质上讲，这些土地开拓与它们所处的地面构造有着根本不同的布局。在伦敦建筑联盟学院（AA），景观都市主义学使用数字建模进行读取和理解数据，并借用了一定的制图工具。这些关联的形式和模式，从历史上看，已经创造出了不同类型的地域组织。通过交会、重叠以及与所处场地的特定地表构造的对立面的对比分析，有关这些地域的可读性材料被用于指导替代性方案的开发。

交会构造

从历史上看，当面临任何人类发展问题时，河岸景观或海岸活跃性的形成一直是受到限制、控制或被忽视的。由于平整地面、开凿穿山隧道、通渠引流、筑坝河流以及冻结沙丘，从而不断强调效率、自由流动和无冲突环境，因此推进这些方面的管理、治理和获取最终收益性变得十分迫切。

通过使用数字建模和制作，景观都市主义对潜在的场景进行设想，策略性地与基础设施网络、林业产业地块进行交叉，为正在走向衰败的城市提供了新的城市枢纽和框架。这些基础设施网络利用了河岸景观作为发展"引擎"，而林业产业地块则与邻近的移动沙丘或蜿蜒地带开展季节性并富有成效的互动措施。这些行动措施并不被视为现有地域形成的直接替代方案，因为它们无法与企业地域管理中惯有的野心、传统的目标或有效的目标管理规划相匹配。也不具备在某一特定领域实现所有愿景的能力，而是旨在提供一种手段来设想非常规化的情景，特别是在过去几十年中，高效和精简的原则本身已经由于技术官僚目标的达成而被削弱或限制了。

通过折中的方式确定优先次序，并赋予地貌以社会化工具的性质，伦敦建筑联盟学院的景观都市主义探索的是构造的交叉点，它能够揭示出很多小问题，让我们看到互相冲突的系统之间的机遇与火花。这些交叉点将成为各类项目实施的场所，在这些项目中，地域景观范围内新制度的引入为其未来提供了其他选择。处理地域冲突需要进行一系列协调性选择，这些选择本身并非天衣无缝，它们是由优先级决定的，建立在防御意图和领土立场的基础上，而反过来，它们又能赋予有关机构相关的能力或对它们的利益产生影响。正是在这一制度和决策过程中，以这些设计意图为背景，设计出新的地域关系，而这也是设计师所存在的载体。

在理解了地表构造并把土地开拓看成是一种不断相互作用和协调的力量的情况下，景观都市主义的目标就是通过自然动态、社会实践、文化传统和政治愿景的聚合，不断地重新塑造地域的模式，从而在地域范围内发挥其作用。地域形态，或者更确切地讲，形态是不断地被这些相互的作用所改造的，因此时间就成为一个极其重要的问题。这对我们设计和定义区域内干预的方式提出了新的挑战，这些干预包括条件场景、指导方针、动态模型和基于流程的组织模式。因此，土地的开拓原则将被揭示出来——作为原始的驱动力，准备以构造的形式让人们知晓，实现并对地域的地表进行调整。

作为对这些挑战的回应，数字建模和制造在探索这一新的地域实践中发挥了双重作用：一方面，在详细阐述地形图的基础上进行界定，并在理解和认识构造力与土地开拓的基础上，提出对该地区的远景规划；另一方面，在某个节点或对动态新机制的表达与指导上，重新组织这些交叉点。在特定的地域环境中，数字工具开辟了提出地域性建议的可能性，由于在迅速变化的当代环境下，我们受到多重偶然事件的影响，这些地域性建议恰恰能够体现时间上的复杂条件和情景。

本章样例如图 17.1~图 17.6 所示。

图 17.1 描述特定区域内水的行为和性能的三维模型，可以读出包括雨水径流、平均蒸发量和雨水收集等与地形特征有关的数据。

由康斯坦扎·马德里卡多（Constanza Madricardo）和乔治·库库特（Giorgio Cucut）制作。

图 17.2 实验性 3D 模型，探索自上而下的组织模式（如斐波那契数列螺旋线和三角划分，以及给定场地现有地形之间的协调和可能产生的合理性成果）。由邹宇军（Yujun Zou）和中川亚由美（Ayumi Nakagawa）制作。

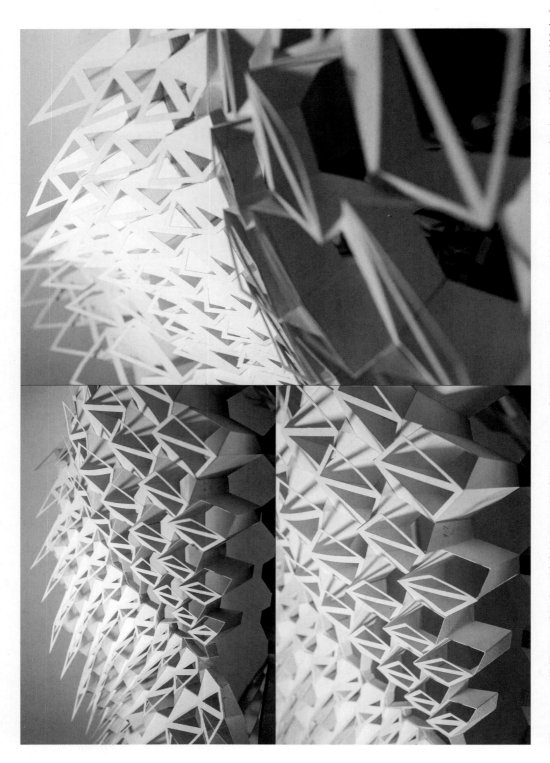

图 17.3 三维模型，对给定区域内地形的重新描述（通过三角测量）。重新描述的目的是对场地进行系统的解读，以便理解斜坡角度和向南设置的原因，以找到可能的干预区域。由汤金童（Jinton Tang）和托马斯·范德·博斯波特（Thomas Van De Bospoort）制作。

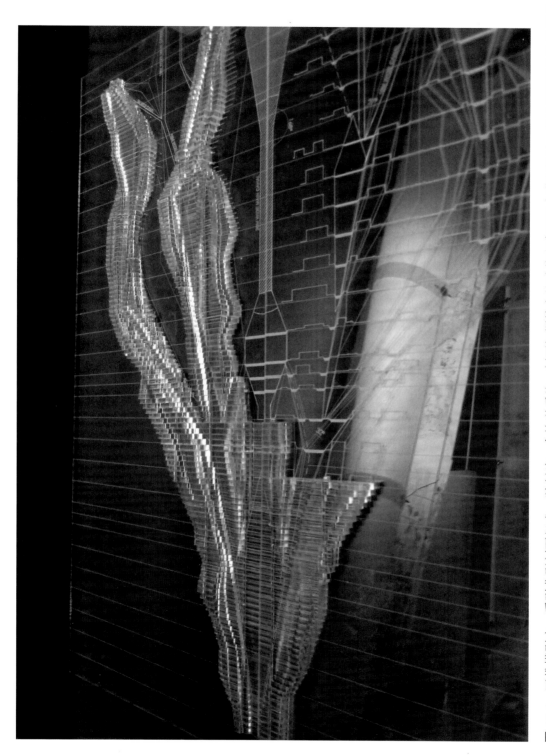

图 17.4　三维模型由一系列典型剖面组成，以创建一个管道系统。剖面根据特定的功能和表现要求进行设计，然后根据特定的地形要求逐步进行组织。由卡瑞斯玛·德赛（Karishma Desai）制作。

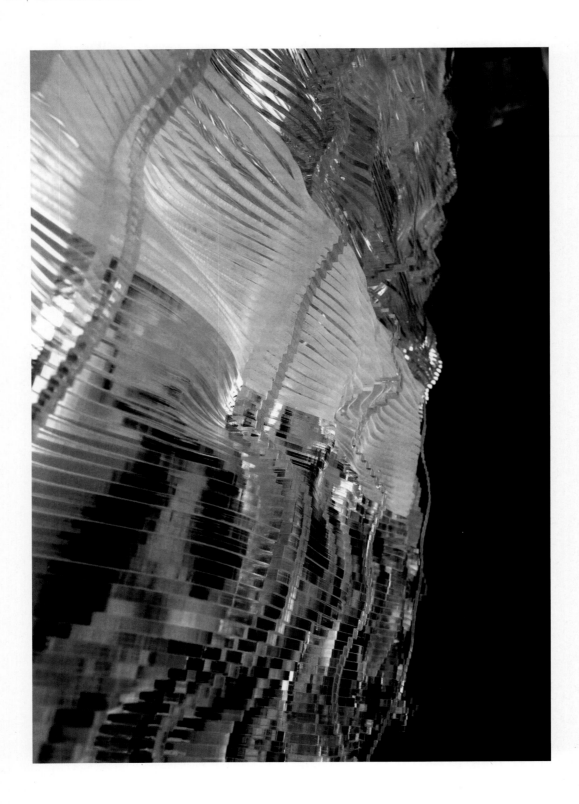

图 17.5 和图 17.6 一个实体模型，探索如何表现地质形态的形成和潜在的性能。在这种情况下，集水区是从现有的山地景观中提取出来的，以创建一个镜面状但有区别的地形。最终，该模型被用来定位设计成一种决策性工具，以应对可能发生干预行为的地区对含水量及其流速或位置的影响。由伊格纳西奥·洛佩兹·布松（Ignacio López Busón）制作。

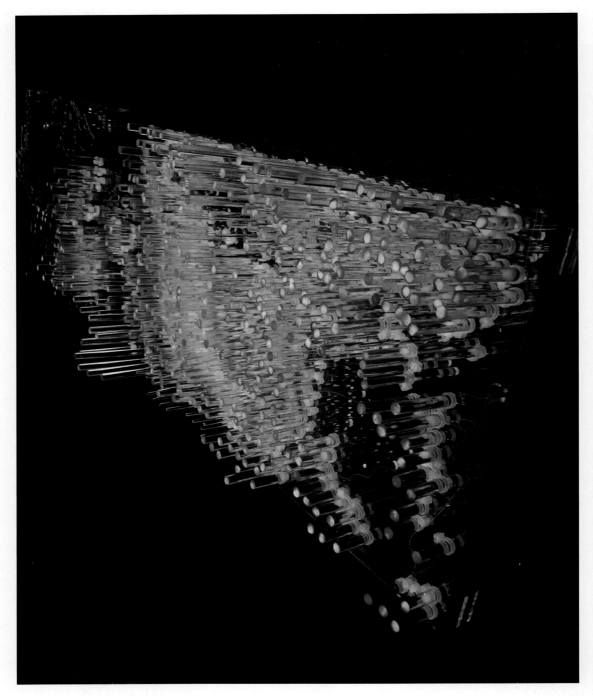

图 17.7 三维模型将雨水径流和集水区的指数值混合到现有地质地形中。它描绘了精确地理位置上的水压力情况，并根据所输入的体积数据进行组织。该模型被用来优先考虑对特定水需求的可能性干预。由奥尔加·米哈列夫（Olga Mikhaleva）和贾森（Jason Chia）制作。

18 自动化地形形成装置：超越景观和生态学表现

布拉德利·坎特雷尔（Bradley Cantrell）

模拟和制作就像两个透镜，通过它们，我们可以看到景观中的概念在实体景观未来的建造和维护方法上蕴藏着巨大的潜力。景观的表现往往回避了先验的需要，即开发对其所处的生态环境做出回应。要开发能够从根本上可以表达的嵌入式生态的景观，就需要取消表现的优先级，并加强精心策划的逻辑性、相互竞争的层次结构和规避单一目标。从这个意义上讲，建模和制作必须包含与它们所构建的景观之间的实时连接，作为分层、轻推和演化生态系统的一种方式。

数字化制作的过程，因为属于景观，所以是通过一系列方法进行表达的，这些方法包含对表面的计算性描述中生成的模式和新形式。这些方法为我们提供了一系列具有推测性和可构造性的形式，并且这些形式是由分析方法和直观方法的结合派生而来的。它们指向对一部分潜力的挖掘，能够开发景观介质中固有的动态特性。目前有几个项目采用这样的方法，包括自主土地建设、流动干扰、激活手段、分层地形和非物理过程。这些方法中的每一种都指向不断演进的景观界面，这些界面表达了一种更加清晰和活跃的景观画面以及生态管理形式。

由亚历山大·罗宾逊（Alexander Robinson）主导的南加州大学景观形态学实验室的工作将自主土地建设与计算分析结合起来。这项工作通过机器人技术、数字投影和3D扫描技术的结合，重点研究了南加州欧文斯湖地区的降尘景观。从根本上来讲，该项目是在工具、路径受限的情况下进行地形开发，它们借助了六轴机器人手臂。地形是通过一系列工具构建的，这些工具通过重新排序的处理形成地势。该过程与三维扫描、数字投影和虚拟环境相结合，提供了地形及其性能的实时可视化。这种反馈回路为景观地形的生成和演化提供了一个引人注目的启发式模型（图 18.1~图 18.4）。

路易斯安那州立大学罗伯特·赖克风景园林系的媒介和场地技术实验室以类似的方式，致力于拦截熵过程，开发地形生成方法。该项目分多个阶段进行，目的是通过控制水流速度来改变河流或河口等流体系统的沉积。该项目使用微软的 Kinect 来创建沉积表面的实时模型。然后，对该模型进行分析，以确定水流在当前位置或当它流过组织连贯的溢洪道结构中一系列闸门时所产生的变化。当使用这两种方法时，通过一系列操作就可能实现土地的打印或消除。这个过程是实时发生的，并通过组合逻辑把表现和景观生产合并在一起（图 18.5~图 18.7）。

要完成对地表的制造和建造的类比，目前可用于制作的材料还是显得非常缺乏的。

土壤固有的特性表现为一种复合的层状系统，通过黏着、摩擦和压实现象来进行推动。丽迪亚·吉卡斯（Lydia Gikas）和马特·罗斯巴赫（Matt Rossbach）在推测性研究项目 StrATA 中探索了与土壤性质和地层土层有关的制作过程。这个项目是罗伯特·赖克风景园林系综合城市生态工作室项目的一部分。该项目将陆地构建设想为一系列微沉积，慢慢地构建出一个高度铰接的土壤柱。与以前的项目类似，这一过程的信息提供来源于当地的监测以及对环境和文化现象的短期和长期的模拟。该项目假设，生态管理是一个过程，不仅要处理陆地表面，而且还应该考虑到陆地以下。土壤的沉积或分层成为一个被控制和被分析的过程，但只在新的时间尺度上起作用，这些时间尺度更接近它们所支持的栖息地（图 18.8~图 18.11）。

对于制造过程而言，材质常常被假设为是过程中的主角，而忽略处于运动中的实际过程。许多制造方法使用到剪切、研磨、燃烧、溶解或黏附来改变材质的现有状态。罗伯特·赖克风景园林系的兼职教授贾斯汀·霍尔兹曼（Justine Holzman）工作的特别关注点就是物质的化学变化以及如何利用这些变化过程在原地进行对大地的相关操作。她的项目"材质载体"（Material Agency）利用研究陶瓷的加工过程，探索了将大地构造想象成化学过程而非物理过程的各种可行方法。通过这种方式，项目将操作过程表现为液化和骨化材质表现的范围（图 18.12~图 18.14）。

这里的每个项目都试图将计算机制作过程想象成景观制作过程。这是在将工具重新定位为构建装置，而不是进行表现所需要的媒介。这种直接的关联超越了所要表现的景观本身，并提出了一个问题：随着时间的推移，我们的建筑方法如何可能成为参与者，而又受控于与景观之间的直接关联。

图 18.1 机器人、投影仪和 3D 扫描仪协同工作。由亚历山大·罗宾逊（Alexander Robinson）制作。

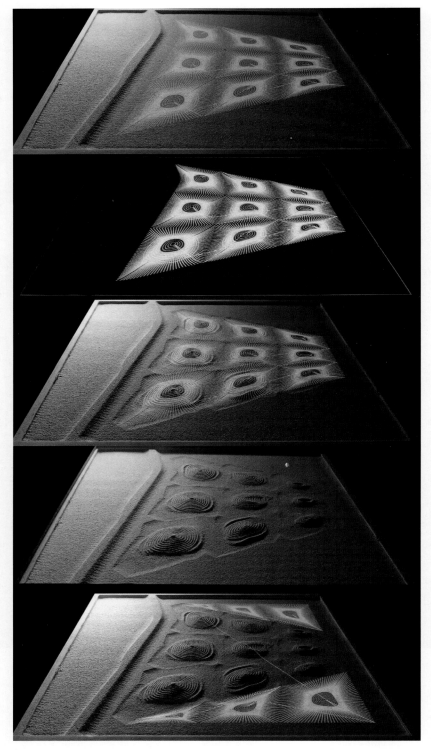

图 18.2 小岛形式和投影工具形成的路径。由亚历山大·罗宾逊（Alexander Robinson）制作。

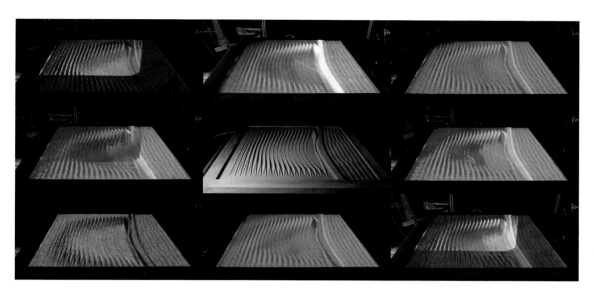

图 18.3　将分析性数据可视化，并投射到表面。由亚历山大·罗宾逊（Alexander Robinson）制作。

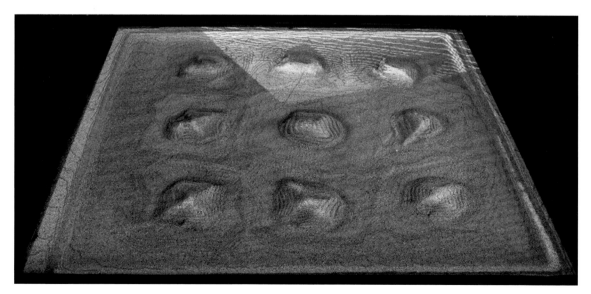

图 18.4　沙丘的形状和投影显示分析的可视化。由亚历山大·罗宾逊（Alexander Robinson）制作。

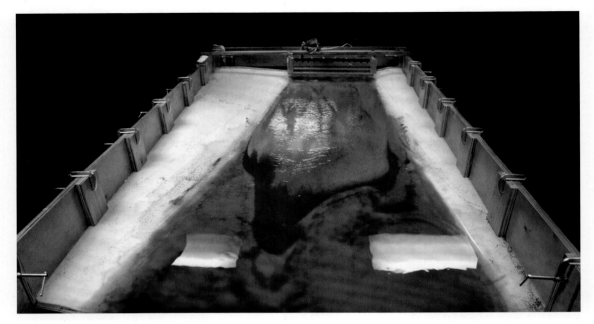

图 18.5　带有驱动溢洪道闸门的泥沙模型。

图 18.6　驱动溢洪道，切割和沉积区域。

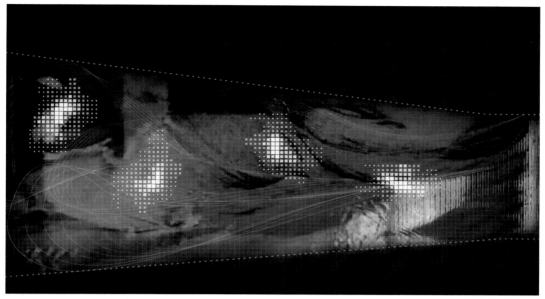

图 18.7 显示浓度和沉降趋势的监测图。

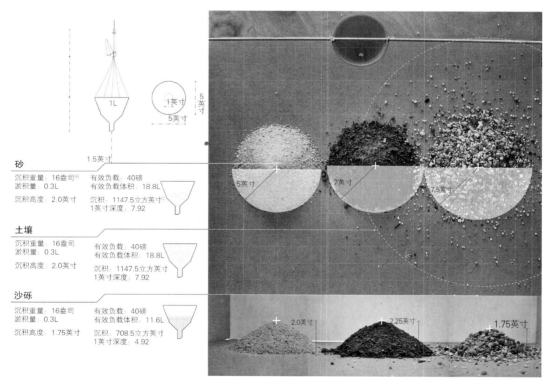

图 18.8 测试材料特性。由莉迪亚·吉卡斯（Lydia Gikas）和马修·罗斯巴赫（Matthew Rossbach）制作。

⊖ 1盎司=0.0283495kg。
⊜ 1立方英寸=0.016387L。

沉积材料：砂

有效负载：16.0盎司
体积：0.3L

沉积高度范围：2.0~0.25英寸
抛洒半径：7.0英寸
景观分类：稳定类

沉积测试

图18.9 沉积测试。由莉迪亚·吉卡斯（Lydia Gikas）和马修·罗斯巴赫（Matthew Rossbach）制作。

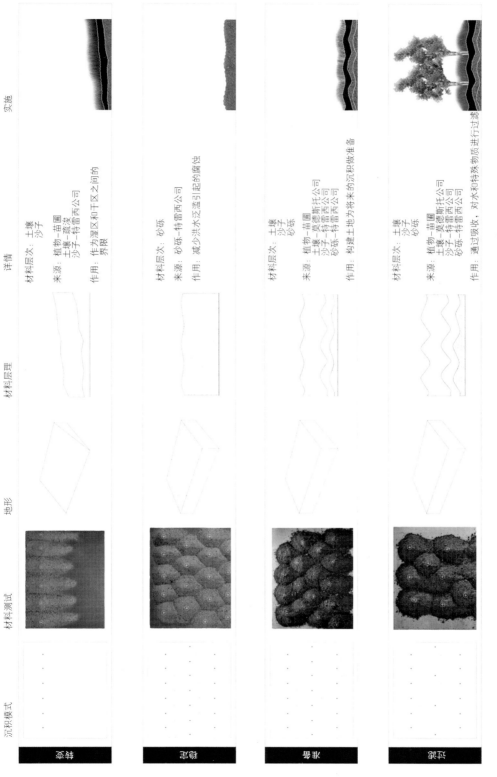

图18.10　模式、沉积和提案中的景观类型。由莉迪亚·吉卡斯（Lydia Gikas）和马修·罗斯巴赫（Matthew Rossbach）制作。

图 18.11 景观形态与地层关系。由莉迪亚·吉卡斯（Lydia Gikas）和马修·罗斯巴赫（Matthew Rossbach）制作。

图 18.12 通过化学操作呈现的差异范围。由贾斯汀·霍尔兹曼（Justine Holzman）制作。

图 18.13 曲面内的矩阵。由贾斯汀·霍尔兹曼（Justine Holzman）制作。

图 18.14 表面处理效果特写。由贾斯汀·霍尔兹曼（Justine Holzman）制作。

19 数字媒介和具体实践

大卫·马（David Mah）

由于景观设计在很大程度上是作为一种具体实践来运作的，所以在设计过程中，对其在一般可达性和数字媒介的采用以及计算机工具的使用方面的发展或转变，人们既有期盼和预期，也心存顾虑。

数学抽象性和运算之间的普遍联系常常限制了设计行业识别其自身与实际的具体实践产生共鸣的能力。随后，便催生了在设计领域中普遍认为会发生的具体介入方式和工艺方面的损失。

虽然计算机辅助设计（CAD）、图像处理和后期制作软件的广泛融合可能在设计行业得到了蓬勃发展，但这种与数字媒介更成熟的融入，也增强了长期存在的设计方法的持久性。这些运算在开发软件时的使用，实际上是将现有的模拟实践转换为图形用户的界面，从而强化了传统的设计过程和方法。设计中可能采用的计算方法以及编程方法可以作为一种工具型设计装置，让我们更明确地看到运算对促进新的设计实践可能产生的直接影响。

近期编程方面的发展使编程和脚本编写的实践更容易为设计行业所接受。从可视化编程到专门为设计人员或由设计人员自己构建的脚本语言，程序编写现在已经成为设计过程中被广泛使用的一部分。为了反映出这些发展究竟对设计实践意味着什么，则有必要对关于计算的一些关键方面进行考虑，还要考虑这些关键点以何种方式帮助对具体实践的当代形式进行阐述。

保罗·赛卢兹（Paul Cerruzi）在他关于计算简史的论述中对计算给出了一个简单定义，它被定义为"过去不同程度机械化操作的集合"。这些集合操作包括运算、以编码形式自动存储并检索信息和自动执行一系列操作。这种操作性三元组合使迭代和递归进程的开发成为可能，这些过程可应用在大量潜在的应用程序之中。它们在设计中的配置使创造性实践成为可能，这些实践将会在传统上过于精细和密集的循环"进化"设计过程中获益。

早期的计算历史与具体实践有着非常明确的衔接性。在开发计算机的早期机械版本时，查尔斯·巴贝奇（Charles Babbage）在提花织机自动穿孔卡片系统中找到了一种编码信息的技术。在19世纪的计算中，自动化制造过程与编码和检索信息技术之间的相互影响，预示着具体物质过程和计算过程之间共享智能的前景。在对自然系统研究的众多贡献中，艾伦·图灵（Alan Turing）关于形态形成的理论与他对理论计算和密码学的许多著名贡献相一致，也为设计过程提供了引人注目的模型，这些设计过程可以利用计算过程来连接具体组件。

"控制论专家"格雷戈里·贝特森（Gregory Bateson）将形式定义为嵌入信息，他将设计过程理解为带有信息的正式的有组织方案的图面标注过程。他还提供了一个设计实践的模型，可以做到更具整合性的设计开发，从而能够把与各种性能需求的关联积极地转化为具体形成过程中的活跃的组成部分。

已经出现了许多利用计算过程作为设计手段的具体设计过程，包括关联性设计和生成性设计实践。这些设计过程与数字化制作相结合，使计算在设计实践中发挥着至关重要的作用。

关联性设计

关联性设计允许用变量和参数构建几何、形式以及组织之间的关系，这些变量和参数可用于构建或增强具体组件的排列。

这种设计实践与之前的某些模拟建模技术产生了密切的共鸣，这些建模技术已被开发为分析或生成各种具体配置的迭代手段。这种技术的应用实例有很多，如美国工程兵部队为水文研究而开发的比例化工程模型，还有设计多样的找形分析模型，其中包括弗雷奥托法模型，以及哈格里夫斯联合设计公司与麦克建筑设计事务所的道格拉斯·霍利斯合作设计的烛台点文化公园项目中的沙盒模型。

关联性设计为设计师们提供了一种数字化建模媒介来完成内含具体信息的设计提案。就像沙盒的重要性一样，模型被用于快速测试各种内在具体限制的设计行为实现的可能性，在数字建模环境中，模拟具体行为的能力也让迭代和协作设计实践成为可能。

在我主导和协调的哈佛大学设计研究院（GSD）的课程中，学生们开发了一系列利用数字媒介的能力来引导具体设计发展的项目，涉及范围从全面的素材和原型开发，到相关数字模型的开发，这些数字模型的建筑材料往往含有具体限制以及性能，然后再到对其结果的组织和分析，去揭示各种植被的种植潜力和出苗状况，以及水文模式。

生成设计

通过算法和面向对象程序设计（OOP）的使用，为设计人员提供了另一系列功能，就是开发递推运算和基于载体建模的能力。通过释放算法，设计过程可以生成新兴机制的具体提案。这些设计方法的价值在于能够对复杂的物质组件进行精心设计，而不是随意设计。它引发了意外发现、随机效应发生的可能性，以及项目参数和项目关注点以过程化的方式产生自己独特回应的可能性，而不是去依赖于原型或已建立的设计语言或对策。

通过算法和编程的使用，通过模拟的方式进行设计也成为一种可能，构建模拟的模型环境可以开发出一系列展开的场景。与关联设计类似，这可以让设计人员生成、研究和评估设计回应的迭代或场景，这些迭代与回应都相对于特定的系列触发点，从而将设计的潜在作用扩展到可变系统和拓扑范畴的编排，而不仅是单一解决方案的交付。

数字化制作

随着数字设计工具的发展，数字制作也变得越来越引人注目，设计师们参与景观设计材质层面的机会也越来越多。尽管也存在相反的假设，但仍值得辩驳的是，与计算机数控制作和配置过程的精密结合，使设计师能够更直接地重新融入具体实践之中，从而加深在设计和交付过程中对工艺意图的理解。

把手工工作直接交给各种形式复杂的机械会造成工艺上的损失，而与此相反，由于当代的数字化设计师们使用的设计工具与各种数字制作和建造技术之间更直接的关系，与制作相关的技能被重新引入到设计领域。表现工具或设计生成工具（3D 模型）通常是属于同一种描述媒介和格式的，这些信息可用于为任意数量的制造或组装机器生成源代码。

介入规模的扩大，正是由于计算的影响在建筑技术方面的扩大，超出了车间和一些工具使用的范围，这些工具能够影响物质的组织，超越构造规模，影响到更大尺度的景观。与全球定位系统（GPS）和机器人机械部署相关的大型土方移动或地面保持设备，已经在农业和采掘行业得到了应用，它们能提供的参与规模通常与数字制作相关的控制能力无关。计算设计对景观的影响为我们提供了在地域尺度的层面执行看似直接的设计行为的可能性。

通过数字化媒介的使用，设计过程、施工图和实际制作数据之间的整合，使设计师们可以更接近他们正在操作的实际工件或物料组合。对于抽象性以及抽象材质与实体材质之间的差距，设计人员已经习惯通过工作流程进行重新调整，这种工作流程贯穿于设计、分析、模拟和接下来的实施之中，并使它们的连接更加紧密。它可能真正会让手工制作重返设计实践，从而推翻理查德·塞尼特（Richard Sennett）在设计中整合数字化工具方面提出的担忧。与制图相关的抽象和与实际施工过程相关的施工图之间的调和，通常是通过技术的发展来进行的，这些技术的发展将充分协调这两个设计领域之间存在的距离。可以这样讲，在数字化模型中，这种距离是在被显著缩短的。

数字化具体实践

对数字媒介和计算潜力的探索，设计师能更接近具体实践。这是一个成熟的探索，并催生了各种尺度规模和细化范围。更直接的材料设计敏感性，以及设计实践中工艺复兴的回归已经成为可能，并且随着设计过程中对计算的创造性探索，仍然存在进一步拓展的希望。通过在哈佛大学设计研究院指导和组织学生们所做的工作，我收集了大量的项目、实践和其中运用到的技术，希望能将数字媒介和设计作为一种具体实践更紧密地结合起来。

本章样例如图 19.1～图 19.11 所示。

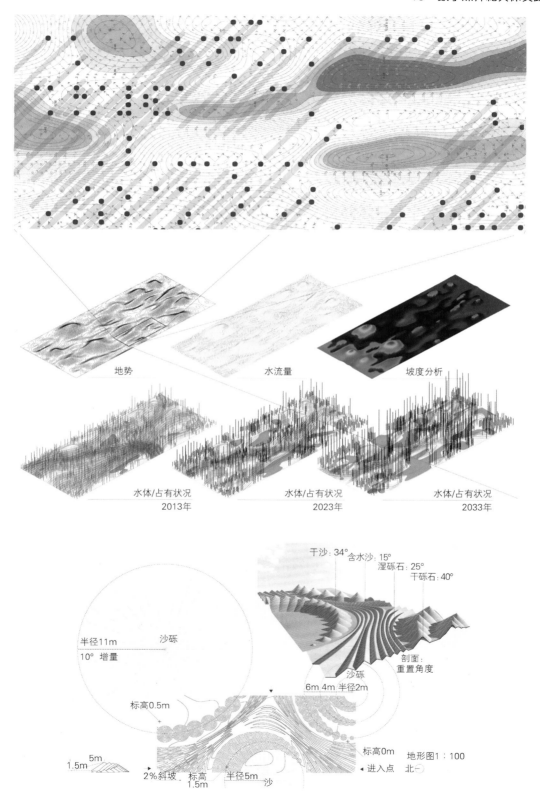

地势　　　　　水流量　　　　　坡度分析

水体/占有状况
2013年

水体/占有状况
2023年

水体/占有状况
2033年

干沙：34°　含水沙：15°
湿砾石：25°
干砾石：40°

半径11m　　沙砾
10°增量

剖面：
重置角度

沙砾
6m 4m 半径2m

标高0.5m

5m
1.5m
2%斜坡　标高　半径5m
1.5m　　沙

标高0m　　地形图1:100

进入点　　北

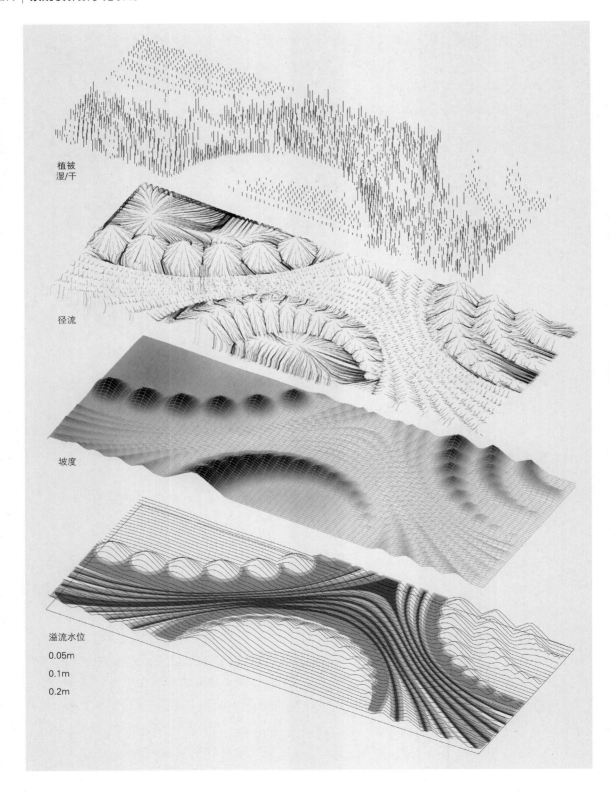

植被
湿/干

径流

坡度

溢流水位
0.05m
0.1m
0.2m

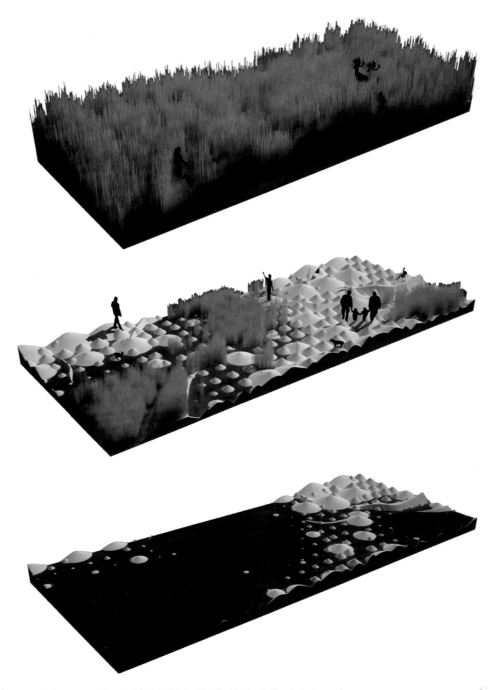

图 19.1~ 图 19.4　该项目利用了关联性设计的功能展示出一个小花园的发展，通过内含具体限制（如静止材质的自然角度）的模型生成正式的配置形式。它还做到了分析和模拟不同植物的栽培能力和水文模式。利用犀牛软件和 Grasshopper 生成模型。图 19.1 由杜晓然（Xiaoran Du）制作，图 19.2 和图 19.3 由迈克尔・凯勒（Michael Keller）制作，图 19.4 由叶子豪（Tzyy Haur Yeh）制作。

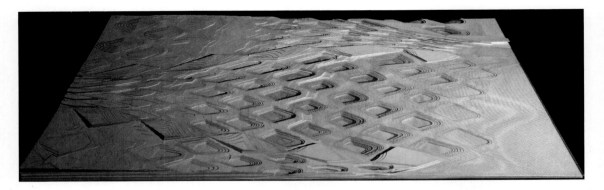

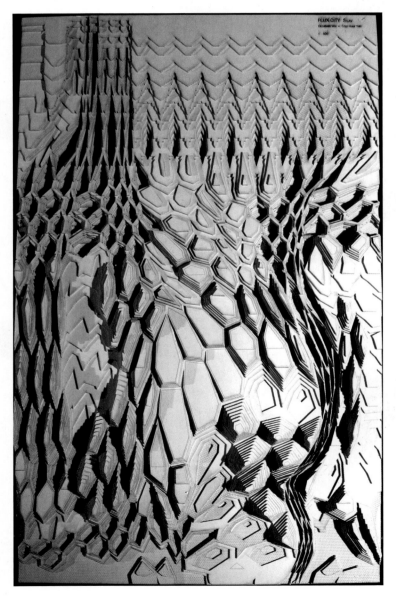

图 19.5~ 图 19.7 由疏浚土构建而成的地貌发展，通过关联性模型得以形式化，这个模型能够将地貌的大小、静止角度和规律性根据土壤物质特性进行限定。这些模型也为评估基质的性能提供了机会。图 19.5 由杜晓然（Xiaoran Du）和石悦（Yue Shi）制作，图 19.6 由伊丽莎白·吴（Elizabeth Wu）和叶子豪（Tzyy Haur Yeh）制作 [雷尔·阿森西奥（Leire Asesio）指导]，图 19.7 由郝培琛（Peichen Hao）、肯·重素瓦特（Ken Chongsuwat）制作。

图 19.8 利用一系列的脚本，生成海岸线上与分散式景观基础设施领域相关的沉积模式。这个新颖的物质组织形式是通过创造性地使用计算技术来模拟和生成的，以表达出这个新兴的景观形式随着时间推移的过程。学生们使用了 Grasshopper 软件。由顾子（Zi Gu）和金志索（Jisoo Kim）制作。

图 19.9 该项目利用关联性模型模拟充气结构，设计并建造这些结构作为一种形状或基底，在其上形成雪和冰。这是建设冰地貌的一种手段，这里将会是空心的，可以居住。除了使用计算机数控（CNC）来构建气动结构的图形外，其安装还使用到了空气和冰。由卡尔·科普克（Carl Koepcke）和马歇尔·普拉多（Marshall Prado）制作。

图 19.10 这里开发了一种悬挂式纺织品装置，利用传感器的物理计算能力和制动器，以构建一种作为环境指示器的装置，其中可以使用光和湿度等参数作为转换纺织品元件的触发器。采用激光切割、数控铣削和开源硬件 Arduino 操作。由卡罗尔·马利克（Karol Malik）和凯莉·墨菲（Kelly Murphy）制作。

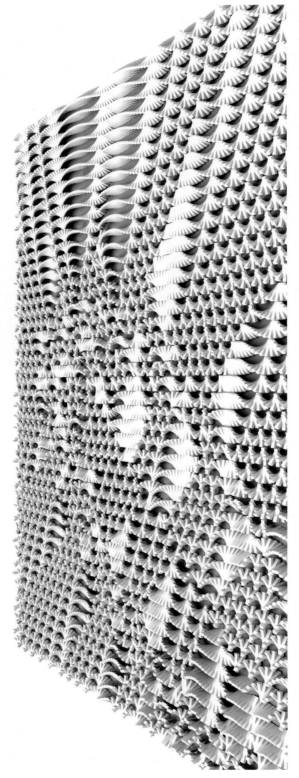

图 19.11 这个运用中包括同场域的开发，利用各种触发器生成一系列新兴的场域模式。从关联模型出发，构造了不同尺度的场域变换。由马宾宾（Binbin Ma）制作。

所有绘画类型：案例研究

20 重塑雅加达：治理"塑料河"

克里斯托弗·吉鲁特（Christophe Girot）和
詹姆斯·梅尔索姆（James Melsom）

2010 年，瑞士苏黎世联邦理工学院（ETH）与新加坡国立大学（NUS）合作成立了未来城市实验室（FCL）。未来城市实验室最初的研究方向之一是景观生态学，主要关注印度尼西亚雅加达这个大都市所面临的大规模城市和环境问题。它对流经雅加达市中心的慈利乌宁河的独特情况提出了质疑，这条河被非正规住房所包围，并经常遭受毁灭性的洪水事件。非正规的城市发展，加上城市内部缺乏废物管理，导致研究小组称之为"塑料河"的形成——一种不断演变的城市环境，实际上是建立在不断移动的垃圾、沉积物和碎屑的凝结物之上的。其目前的任务是研究如何在这样一个混乱的环境中实现可能的改进。

这个景观生态学团队由景观设计师、规划师和水文学者组成，由德国联邦理工学院克里斯托弗·吉鲁特（Christophe Girot）教授、规划学院阿德里安娜·格雷特·雷加梅（Adrienne Grêt Regamey）教授和环境工程学院保罗·伯兰多（Paolo Burlando）教授共同领导。该团队的学术人员包括多位教授、讲师、博士研究人员和在设计研究工作室工作的研究生。实地调查、设计工作室和流域模拟的综合结果促进了对慈利乌宁河可能的补救方案的多种尺度设想的拟定。这些方案在不同学科中都经过了严格的测试。

在约格尔·雷克提克（Jorg Rekittke）教授的带领下，新加坡国立大学园林硕士项目的本地学生参与了最初的设计研究工作。他们与博士研究人员共同关注的是场地可靠数据的明显缺乏问题。最初的测量设备从最基本的——全球定位系统设备和普通激光遥测仪的组合——到无人机和摄影制图的使用。在几次现场作业过程中，逐步为甘榜马来由地区建立了一套实用的三维地理信息系统（GIS）数据集，有选择地在需要的地方添加具体细节信息。数据结果使人们对慈利乌宁河的行为表现有了更深的了解。不受控制的城市发展和每天大约 500t 的垃圾被扔进雅加达的河流，造成了污染和经常性的洪水。

在工作室成立的最初阶段，大家做的是收集数据并将其纳入数字模型。初始设计场景对洪水和房屋类型进行了测试和检查。所得到的模型复制了所研究区域的物质环境，在边缘区进行高分辨率和低分辨率的区分。这些模型可用于关键设计干预的测试和试验。

甘榜马来由的精确点云模型的生成，用于进一步的设计开发阶段，并要求对河流进行精确的重新校准。为了生成这种模型，部署了无人机和其他地面测量设备，并使用它们来获取所需的分辨率。收集到的数据足够详细，既可以为高级设计决策提供足够精细的基础数据，也可以支持高分辨率水文模拟（图 20.1~ 图 20.3 ）。

苏黎世联邦理工学院的景观可视化与建模实验室（LVML）和新加坡未来城市实验室的环境工程师通过使用点云模型，共同开发和建立了各项工作之间的迭代界面。这次交流使项目工程师、景观设计师和规划师之间形成了一种共同协作的工作流程，并让学生们根据实际的洪水模拟来调整设计参数。根据三维地理位置模拟的有效水文性能，定期更新设计远景（图 20.4~ 图 20.6 ）。

在雅加达这样一个充满挑战的密集城市环境中，西方的基本概念"公共开放空间"则变得过于相对，因为所有权、居住、娱乐、生态和象征意义之间的界限模糊在了一起。为了给当地政府和利益相关者带来有意义的讨论，麻省理工学院的学生们解决了不同尺度规模的设计项目，为甘榜马来由社区提出了景观和建筑类型的综合化建议。新加坡的未来城市学院博士生和苏黎世联邦理工学院的硕士生使用犀牛软件和各种插件共享了用于交换彩色点云数据和数字化地形模型的通用文件格式。犀牛软件中 Grasshopper 界面的定制插件由未来城市实验室的博士生提供，可以用来设计和构建可预测的水深模型，并帮助简化景观项目，以便进行进一步的测试和模拟（图 20.7~ 图 20.12 ）。

在雅加达的甘榜马来由等城市景观项目中，河流流动的动态特性正变得至关重要。当正确地在具有地理参考性的三维环境中建模时，设计可以传达出一种洪水影响下的韧性。各种模拟可以反映出所处自然环境的内在复杂性和波动性。通过独特的、扩展性的项目开发过程，生成了各种动画。这个镜头是由乘坐在西里翁河上的个人操控的无人机拍摄的。规划景观项目旁边的现有场地动画片段清楚地显示了基于景观生态学的补救策略的潜力。学生们研发的设计展示了各种各样的拍摄、建模和投影方式，并超越了印刷图像的范围。

图 20.1 来自甘榜马来由场地的点云动画图像，使用无人机在城市上空拍摄的照片进行摄影测量。由此产生的剖面揭示了动画画面跟踪的不同的城市拓扑结构。这是在 Rhinoceros 和 Grasshopper 软件中生成的。由林尔尔文（Erwine Lin）和詹姆斯·梅尔索姆（James Melsom）制作。

图 20.2 芝利翁河上的加亚威水库附近的加杜柱格使用了无人机飞行和航空摄影测量，随后由新加坡未来城市景观（Future Cities Landscape，FCL）的景观生态学模块领域的博士研究人员进行开发，以模拟大坝建设对慈利乌宁河流域的潜在水文影响。由此产生的场地模型图像不是静态的，而是对动态的景观现象和影响进行追踪。可以使用 VisualSFM 对场地进行处理，生成场地的点云和三维模型，然后利用 Rhino 和 Grasshopper 定制的各种插件和模型，对各种场景进行重新判断，以判断性能标准。由林尔文（Erwine Lin）和卡西夫·沙德（Kashif Shaad）制作。

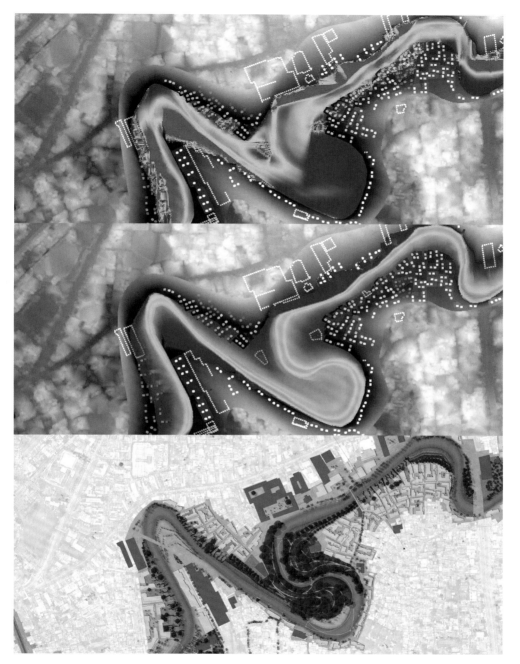

图 20.3　水文模型模拟了雅加达的甘榜马来由慈利乌宁河洪峰的速度和深度。博士生开发的未来城市实验室景观生态模块对现有场地无人机航拍数据进行了水力性能测试。之前在 2013 年春天制作的河流设计通过了这样的测试，然后被苏黎世联邦理工学院（ETH）的学生洛林·豪斯曼（Lorraine Haussmann）和凯莉·罗斯纳尼克（Kylie Russnaik）在先进的设计研究工作室中做了进一步修改。由林尔文（Erwine Lin）、连卡西夫·沙德（Kashif Shaad）、迪奥戈·达科斯塔（Diogo da Costa）和森迪尔·古鲁萨米（Senthil Gurusamy）制作。

图 20.4~ 图 20.6 雅加达甘榜马来由的慈利乌宁河走廊鸟瞰图，由苏黎世联邦理工学院（ETH）学生们在景观生态设计研究工作室制作。它被新加坡未来城市实验室的博士工程师用于水文模拟中测试设计场景。然后，这些设计被进一步改造和精炼成适当的 3D 种植方案。由桥本正一郎（Shoichiro Hashimoto）和科瓦莱夫斯基（Benedikt Kowalewski）制作。

图 20.7~ 图 20.9　在雅加达环境背景下的项目案例，慈利乌宁原来的冲积平原现在被密集的城市发展包围。雅加达甘榜马来由的慈利乌宁河项目展示了苏黎世联邦理工学院（ETH）学生们通过当地植被模拟、水位波动和未来的居住模型进一步测试和阐述提案所具有的优雅风格和准确性。由洛林·豪斯曼（Lorraine Haussmann）和凯莉·罗斯尼克（Kylie Russnaik）制作。

　　图 20.10~ 图 20.12　每个学生小组的项目都在多个尺度上开展，结合现场景观和建筑类型学研究，为甘榜马来由创造新的协同发展效应。该项目提出城市景观设计是建筑和景观类型学与环境以及当地条件相结合的工作。由弗拉基米尔·迪尼斯卡（Vladimir Dianiska）、安娜·格布哈特（Anna Gebhardt）和巴兹尔·维特（Basil Witt）制作。

21 灰地修复：新兴城市景观描述中的视觉叙事

科菲·布恩(Kofi Boone)

对于那些兴趣点在复杂设计和规划方案的景观设计专业学生来讲，数字化表现是一个强大的工具。通过使用不同的角度、媒介和美学知识，学生可以传递出他们提案的意图，并引领他们直到工作最后阶段的决策过程。然而，对于学术界以外的人们来讲，数字化表现也可能是一种令注意力分散和感到困惑的工具。

我们要如何使用数字化表现，让它们既可以用来确认学生对最佳可视化实践的掌握程度，又可以作为表达工具，使他们能够揭示设计假设和思维呢？此外，如何提高学生与非学术群体有效沟通的能力呢？

视觉叙事理论研究的是关于视觉叙事结构的跨学科知识体系如何帮助人们理解世界，为景观设计专业的师生们提供了一个框架。在这个框架内，他们可以编排出具有连贯性的描述。通过这些工具的应用，人们可以掌握视觉叙事的文法规则，更好地理解数字化表现的内容。

一些学生项目被用作对这种视觉叙事方式的案例研究。所有这些作品的作者都是北卡罗莱纳州立大学景观设计专业的硕士研究生，他们所在的设计工作室专注于改造城市地区的"灰地"场地。这些"灰地"是未充分利用的以汽车为中心的区域（购物中心等），也是没有受到污染的场地（比如棕地）。

场地再利用

作为首都大道走廊整体景观的一部分，该场地被看成是恢复洪泛区健康活力的机会，并计划通过儿童游戏和公共艺术激活该场地。最终的演示板使用了数字化表现工具的组合，但是对设计理念最大和最详细的表现（图21.1）则是通过概念性设计的场地平面。该平面是在地理信息系统（GIS）基础地图上分层的，其中包括现有的建筑、道路、铁路和地形，在 Photoshop 中以 50% 的灰度显示。这让浏览者可以根据场地环境来定位自己，同时还可以分辨出场地上已经存在的内容（屏幕和灰度）和提案上的内容（颜色和全分辨率）。网格化和曲线化的可视化图表的融汇综合将主要的场地特性、河流和活动土堆反映在上面的描述性剖面以及下面的缩略环境图中。整体表现使用了统一的调色板、字体和清晰的网格结构，帮助浏览者去理解这个设计提案的环境背景、设计思想和想要得到的结果。

克拉布特里溪的自适应策略

克拉布特里溪流域主要以自我为中心式的发展进行开发，大量使用的不透水表面（停车场、屋顶等）增加了洪水对水质和安全的影响。作为对洪泛区及其周围发展的概念性替代方案研究的一部分，设计师们编制了图表（图 21.2 和图 21.3），以不断强调继续采用传统发展方法所存在的风险，以及如果使用更加可持续的发展方法会带来的潜在回报。绘制整个研究地区详细平面图的可能性因为该地区的规模而被排除了。然而，通过不同角度的表现，特别是使用 SketchUp 和在 Illustrator 以及 Photoshop 中渲染的平面（与灰度和半透明的空中衬底）（图 21.4）和轴测图（图 21.5 和图 21.6），在这个动态河岸区域，人们可以尽情地将整套的方法转化为可添加策略。

密集型城市湿地

场地分析显示，这个不起眼的带状商场的位置占据了北卡罗莱纳污染最严重的河流之一，是罗利的源头。通过图表的使用，特别是制图和图标的使用，雨水径流作为一种重要的未开发资源，得到了治理和量化，并对最终设计的性能也进行了量化。设计策略采用分层的最佳管理手法来处理和保护雨水，同时也令此处的场所营造设计让人难忘，其中包括花园、散步区和座位区。SketchUp 用于创建透视视角的概念图和指南。Illustrator 和 Photoshop 则用于添加分层的颜色、纹理和常见的视觉参考，如种植物料、动物和人。图中使用的这些参照物使得整个图形和最终演示面板（图 21.7）得以连续性呈现。演示板中包含了传达设计关键性视觉表达的对策。

揭秘罗利西南部：食品与健康

北卡罗莱纳的罗利西南部是一个"食品沙漠"，健康食品的选择十分匮乏。对城市形态和未充分利用空间的评估结果则显示出其形成健全的城市食品体系的潜力。该体系的枢纽将位于拟建的轻轨交通车站。具有挑战性的地形和方便行人可达性的需求促使我们决定将城市食品体系和城市形态以剖立面形式进行可视化。我们在 AutoCAD 和 SketchUp 中建模，然后使用 Illustrator 和 Photoshop 进行了增强。场地制作元素的小插图被用作图标来传达场地中不同位置的体验品质。与每种形式的城市农业相关的区域被纳入术语缩写范围，以强调城市设计建议的基本目标。所有的图纸被组装成一个大型流动面板，包括关键地图、场地系统图、整体渲染的总体规划、航空透视、统计数据、轴测图和透视图中的空间特征（图 21.8）。这些图通过图面之间巧妙设置的颜色梯度来连接，并用空白或纯色条进行分隔。

米申山谷的再思考

这个表现方案的重点是此处的行人体验。使用 SketchUp 和照明插件 Lumion，以及 Photoshop 和 Illustrator 创建了许多视线高度的透视图（图 21.9~ 图 21.11）。这使得纹理更容易被识别，如金属表面、绿色墙壁、阴影和不同的铺路模式。由于与谷歌地球航空底图的鸟瞰图的结合，为了使米申山谷成为校园附近一个具有影响力的人性场所，设计方案传达了达成这一目标所需要具备的规模和脉络。

总而言之，这些影像反映了景观设计专业学生们试图运用数字表现中的视觉叙事工具进行设计传达的价值。这项工作试图通过一系列的再生建议，揭示那些原本被认为平凡的城市用地在今后成为社会、经济和生态修复典范的潜力。

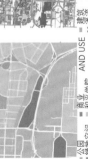

材料再利用

拟用64658立方码①的土堆
31772立方码沥青和混凝土

利用这些场地的再生材料建造的土丘，毗邻首都大道，
对声音进行缓冲，创造与城市肌理分离的感觉

场地再循环：德弗雷奥草坪
首都大道走廊研究

阶段1绿道 +
艺术化工作

阶段2水体恢复 +
堆土 + 活动节点

阶段3植物成熟 +
所有新建和现有的建筑都采
用绿色屋顶

阶段4全面扩建 +
开发

透水路面

西街

新的曲流河道展线
和扩展基准线

市场与公共空间

设计符合城市环境
的水流落差

公园和绿道步道的
进一步加强

高速铁路

首都大道

使用回收的场地材料
建造的活动土丘

SCALE 1 : 100

100 50 0   100   200   400

重要走廊

入口 广场   蜿蜒的溪流

活动土丘   聚集空间

LIGHT RAIL STOP

开放空间

开放空间

循环

马路   机动车道
人行道 ‥‥铁轨

建筑   不渗透性
‥溪流   及水文

商业   已铺建区域
和平学院   河漫滩

AND USE

公园
绿地空间
住宅   商业

推基·哈里斯：LAR500；布恩；2011年春；首都大道走廊

图 21.1 场地再利用。这组绘图使用的软件包括 ArcGIS, AutoCAD, Photoshop, Illustrator 和 InDesign。由杰奎·哈里斯（Jacqui Harris）制作。

① 1立方码=0.764556m³。

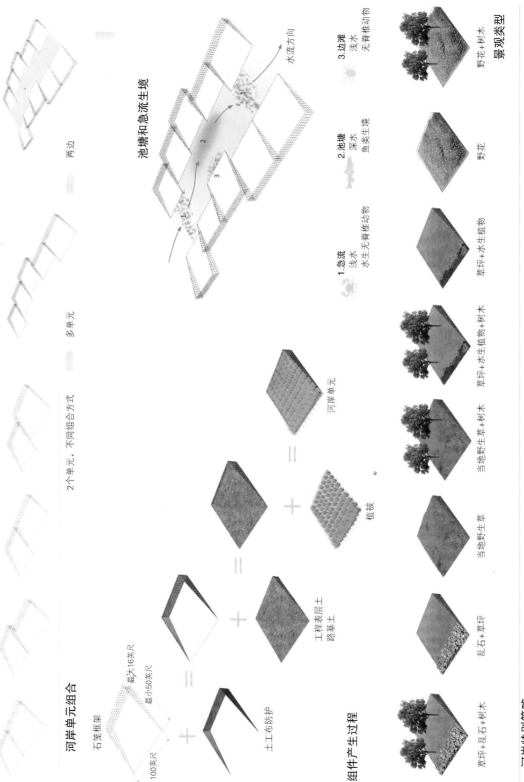

项目和用地
- 混合开发用地
- 商业和贸易
- 办公和零售
- 办公和商业
- 高密度住宅

绿地空间
- 主绿地色空间
- 湿地绿色空间
- 轻轨缓冲带
- 街道绿地
- 廊道缓冲带
- 庭院

水系
- 溪流
- 梯田湿地
- 湿地滞洪区

硬景
- 步行通廊
- 绿道
- 滨水广场和绿道
- 滨水广场
- 人行道和广场

高水位
洪水会淹没森林沼泽、淡水沼泽和湿滩留地，起到海绵的作用，以吸收多余径流。高水位以上的滨水广场和建筑则可免于洪水侵害

正常水位
河岸边缘的部分低于水位线，形成湿溪与旱地之间的过渡性生境

低水位
即使在低水位时间，梯田湿地和滞留盆地仍会保持潮湿，过滤不透水区域的径流，并提供教育空间

分析

1. 森林沼泽
2. 观景平台
3. 河口
4. 滨水办公室和咖啡馆
5. 混合开发建筑
6. 观赏植物
7. 游泳池
8. 海滨码头
9. 屋顶太阳能电池板
10. 体育场
11. 人行天桥
12. 屋顶花园
13. 净化型绿地
14. 高密度住宅
15. 轻轨线
16. 大斜坡
17. 商业综合体
18. 行人走廊
19. 试点浮式建筑
20. 淡水沼泽
21. 克拉布里特特蒙
22. 树林里的办公室
23. 稀树大草原
24. 湿地带洪区
25. 游客中心
26. 观景台
27. 木板路
28. 柏树—黑橡胶树沼泽

总平面图

太阳能电池
阳台花园
野花

绿道
观景台
溪流

梯级溪水区+住宅区

柏树-黑橡胶树
林中木栈道

观景台
溪流

观景平台+柏树-黑橡胶树

大型不透水停车场
狭窄的溪漫滩

拟议构成

现有构成

风力涡轮机
试点浮式建筑
前池
木板人行道

淡水沼泽
溪流

构成_1

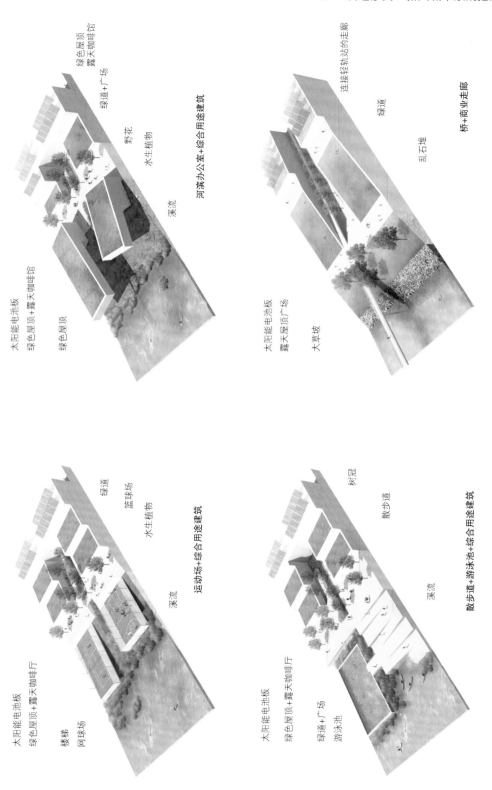

太阳能电池板
绿色屋顶+露天咖啡馆
绿色屋顶

绿色屋顶
露天咖啡馆
绿道+广场
野花
水生植物
溪流

河滨办公室+综合用途建筑

太阳能电池板
绿色屋顶广场
大草坡

连接轻轨站的走廊
绿道
乱石堆

桥+商业走廊

太阳能电池板
绿色屋顶+露天咖啡厅
楼梯
网球场

绿道
篮球场
水生植物
溪流

运动场+综合用途建筑

太阳能电池板
绿色屋顶+露天咖啡厅
绿道+广场
游泳池

树冠
散步道
溪流

散步道+游泳池+综合用途建筑

构成_2

图 21.2~ 图 21.6 克拉布里特溪的自适应策略。这组图纸使用的软件包括 ArcGIS、AutoCAD、SketchUp、Photoshop、Illustrator 和 InDesign。由郭丽（Li Guo）制作。

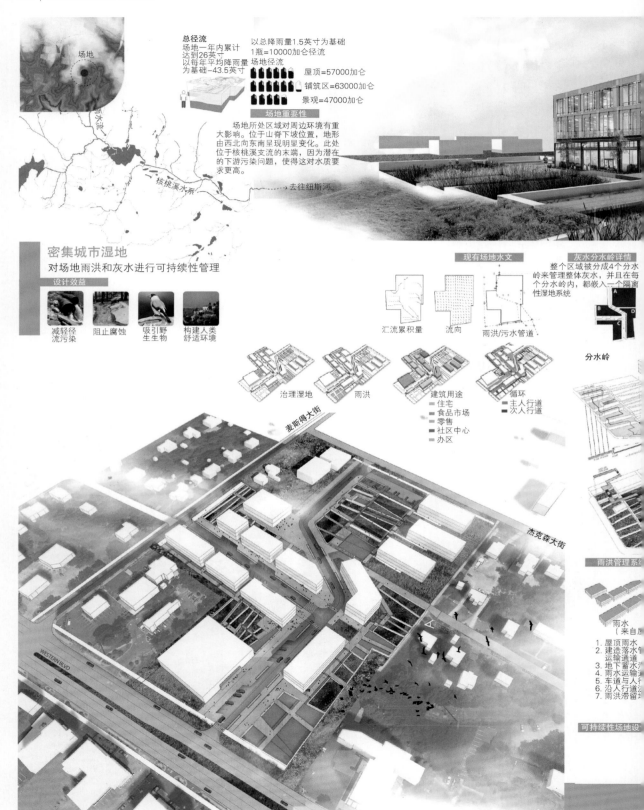

总径流
场地一年内累计达到26英寸
以每年平均降雨量为基础-43.5英寸

以总降雨量1.5英寸为基础
1瓶=10000加仑径流
场地径流

屋顶=57000加仑
铺筑区=63000加仑
景观=47000加仑

场地重要性
场地所处区域对周边环境有重大影响。位于山脊下坡位置，地形由西北向东南呈现明显变化。此处位于核桃溪支流的末端，因为潜在的下游污染问题，使得这对水质要求更高。

核桃溪水系

去往纽斯河

密集城市湿地
对场地雨洪和灰水进行可持续性管理

设计效益

减轻径流污染　阻止腐蚀　吸引野生生物　构建人类舒适环境

现有场地水文

汇流累积量　　流向　　雨洪/污水管道

灰水分水岭详情
整个区域被分成4个分水岭来管理整体灰水，并且在每个分水岭内，都嵌入一个隔离性湿地系统

分水岭

治理湿地　　雨洪　　建筑用途　　循环

建筑用途
■住宅
■食品市场
■零售
■社区中心
■办区

循环
■主人行道
■次人行道

麦斯得大街

杰克森大街

WESTERN BLVD

雨洪管理系

雨水
（来自屋

1.屋顶雨水
2.建造落水管
　运输通道
3.地下蓄水池
4.雨水运输
5.车道与人行
6.沿人行道
7.雨洪滞留

可持续性场地设

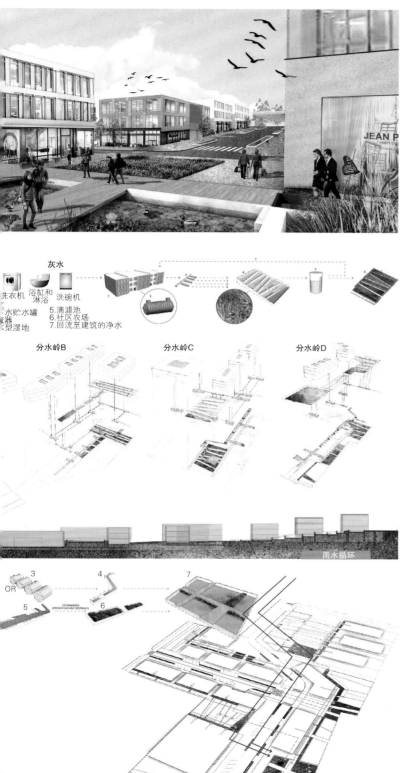

灰水

洗衣机　浴缸和　洗碗机
　　　　淋浴

水贮水罐　5.滴滤池
　　　器　6.社区农场
　型湿地　7.回流至建筑的净水

分水岭B　　　分水岭C　　　分水岭D

雨水循环

OR

LAR500-003 先进
设计工作室
季迎琳

图 21.7　密集的城市湿地。这组图纸使用的软件包括 AutoCAD、SketchUp、Photoshop、Illustrator 和 InDesign。由季迎琳（YingLin Ji）制作。

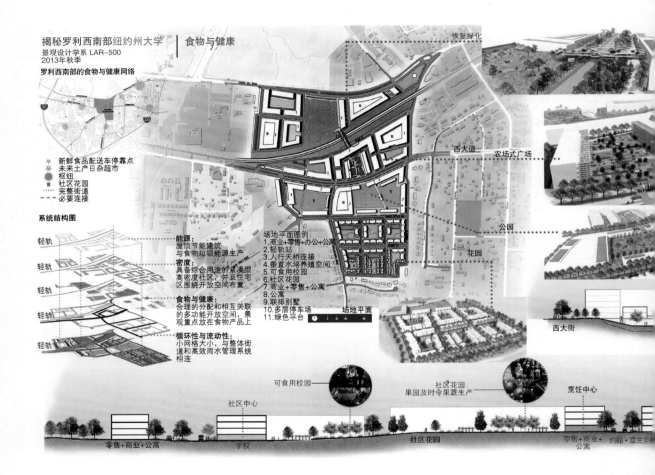

图 21.8　揭示西南罗利：食品和健康。这组图纸使用的软件包括 ArcGIS、AutoCAD、SketchUp、Photoshop、Illustrator 和 InDesign。

图 21.9~ 图 21.11　米申山谷的再思考。这组图纸使用的软件包括 ArcGIS、AutoCAD、SketchUp、Lumion、Photoshop、Illustrator 和 InDesign。由迈克尔·多曼斯基（Michael Domanski）制作。

22 波多黎各阿罗约"交替性河湾"案例

罗伯特·罗维拉（Roberto Rovira）

基于大规模工业、农业和城市改造的背景，佛罗里达国际大学波多黎各南海岸景观设计工作室选择了该岛的南部海岸作为其研究区域。该地区过去100年的发展遵循了20世纪基于工业生产和快速城市化的主要经济增长模式。

以波多黎各南海岸为例，工业扩张导致了该地区建立在众多的石化业、制造业和制药业中，伴随土地景观的显著改变，该地区的水文格局曾遭遇大幅度改变，以支持甘蔗的种植和加工。

随着工农业发展趋势的来临又逝去，经济的衰落和曾为了激励以生产为基础的经济体的税收优惠的减少，工业用途所遗留下的不仅是污染和退化，而且使相邻的城镇承受了基础设施不足和生态系统紊乱的负担。随之而来的是投机性的城市发展，产生了大片的单户住宅，以缺乏与景观的融合而众所周知，建造成本低廉，想对预期的、最终未实现的经济增长加以利用。

一名学生研究了波多黎各阿罗约，为位于波多黎各南海岸东部边缘的社区提出一项名为"交替性河湾"的社区规模的水文框架提案。作为该区域其他地区的一个具有潜能的模式，这些图纸展示了该地区水文系统的各种拟议改造，并传达了形成重要网络的愿景，该网络将城市水回收纳入公共空间并进入公众意识。该地区在很大程度上反映出工业的空洞和甘蔗产业的衰退痕迹，戏剧性的转变最终导致土壤营养缺乏，含水层污染和损耗，废弃的基础设施，通过如图22.1所示重新配置的水文、城市和植被策略，可以解决社区中不连贯的位置感。

在以甘蔗产业为主的农业扩张之前，阿罗约及其周边地区的景观相对令人枯燥。波多黎各只有三个主要含水层，在图22.2中以粉红色标出了该地区。

这是给定的研究区域，此区域接收来自南海岸含水层的淡水。该地区的含水层补给主要来自河流沿岸的高导电性土壤，之后才建立了一个大规模的运河系统，通过灌溉技术灌溉甘蔗作物，将含水层补给量提高了三倍。由于所有的淡水都来自于运河，这种对自然水系统的大规模破坏明显地促进了沿海红树林的生长。然而，当灌溉技术在 1960 年转变为滴灌时，由于引进了数百口井，以及回灌量极小和径流造成的工业污染，这些井的抽水量继续危害咸水入侵，导致回灌量急剧减少，含水层压力增加。曾经灌溉阿罗约种植园的主运河处于未使用和未被注意的状态，图 22.3 中敏感区域的社区分析清单显示，污染源流经或存在于阿罗约的传导区（图 22.4）。

阿罗约的景观由被忽视的贯穿社区的里约尼古亚河界定。与南海岸的其他社区没有什么不同，中央河湾位于阿罗约市区的中心，距它的公共空间、城镇广场和港口只有几个街区。它成为小镇文化支柱的潜力就得益于这个战略位置，考虑到西班牙语单词"arroyo"翻译成"creek"，这个社区与水建立联系是合适的，尽管小河湾目前长满了植被，到处都是垃圾，污染严重。

交替性河湾的提案建议改变区域水文，以增加流向里约尼古亚河的水量。在旱季，这条河湾和附近的其他河湾一样，呈现出一条大沟的特征，只有在下雨时才会有水。该方案不会让8500 多户居民面临水流失的状况，也不允许与黑水混合在同一个综合下水道系统中，而是呼吁将其就地在社区内就转化为洁净水。提案中的转变涉及许多层面：从水池到后院的直接关联；学校开展的相关教育认识；河湾沿岸的公众体验；社区范围的景观同一性。

河道会被打开，将河水引向河湾的景观区域，以便在旱季补充水量，达到适合的河流水位。在暴雨期间，运河的水流会重新回到原来的路线，以避免滤水池被淹没。暴雨期间，雨水被用来代替运河水。与灰水工程湿地相融合的是休闲和观察区域，随之而来的将是鸟类栖息地和生物多样性的增加。

交替性河湾提出了一个由水文系统和植被系统组成的综合网络，它们的功能会根据地理位置的不同而有所不同，但也可以协同工作（图 22.5）。这个框架图显示了景观在水处理方面的功能；池塘、水泵、水流依照考虑未来发展的地形及建议。甘蔗产业遗留下来的基础设施，帕蒂拉斯运河，被重新利用，并把它的水释放到灰水的湿地，使其得到足够的稀释，以修复水质，补给含水层，振兴河湾和重新构建社区与水的关系（图 22.6）。传导区域内的房屋是灰水再生不可分割的一部分。这些住宅第一阶段的灰水过滤是在后院通过小型单元系统进行的，比如灰水塘或水渠。然后，这些单元规模的系统将水重新定向引流到河湾岸边的滤水池，以完成剩余的过滤步骤（图 22.7~图 22.9）。社区网络倡导重要的公共空间，并将所有的水引向"交替性"河湾。这些池塘还可以作为公共空间，增加生物多样性。在校园和广场处理灰水，公共空间则用于培育和发展与水的关系（图 22.10）。

这条河湾实现了一个完整的循环系统：来自含水层的水上涌并被利用变成灰水，接着沿景观区域净化，然后回到含水层。此外，这一区域标志着灰水是否能就地处理的边界。在这个区域的北部和北部的房屋可以通过湿地 – 家庭花园的网络在他们的后院就释放灰水。这创造了人们对灰水过滤过程深入了解的机会，是重新构建与水的个人关系的第一步。

在这个透水区以南，由于靠近海洋和风暴潮，灰水的处理方式会有所不同。它不是过滤陆地上的水，而是被泵送到河湾东北方向的另一个灰水湿地，这里也可以被当作一个开放空间公园。虽然这条河湾的南半部没有暴露在灰水中，但该地区的公共空间仍然是作为重新构建社区与水的关系的手段。城市的港口和城市广场都可以看到城市化的灰水湿地。此外，整个河湾作为公共活动的走廊，在为人们提供休息或娱乐场所的同时，也在进行灰水的处理，并沿着其路径重新构建其与社区的关系。

在图 22.11 和图 22.12 中，我们可以看到阿罗约的交替性河湾如何成为社区变革的催化剂，作为公共活动的走廊，提供休息或娱乐的场所，同时进行灰水处理，并沿着其路径重新构建其与社区的关系。沿岸码头展示了规模紧凑的灰水处理池，它可以净化邻近餐馆的灰水，然后释放淡水，帮助海湾河口生物的生长。

运河泄入灰水域湿地

净水使小溪恢复了生机

阿罗约城区，传导区

阿罗约城区，非传导区：场地外灰水过滤

公共空间的城市化湿地

图 22.1 拟兴建的"交替性"河湾的场地平面图，包括沿阿罗约溪谷的多个灰水湿地，波多黎各及其附近地区。由玛蒂娜·冈萨雷斯（Martina Gonzalez）制作。

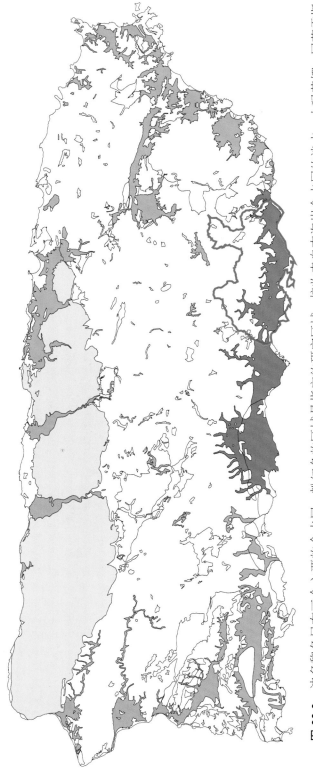

图 22.2 波多黎各只有三个主要的含水层。粉红色的区域是指定的研究区域，接收来自南海岸含水层的淡水。由玛蒂娜·冈萨雷斯（Martina Gonzalez）制作。

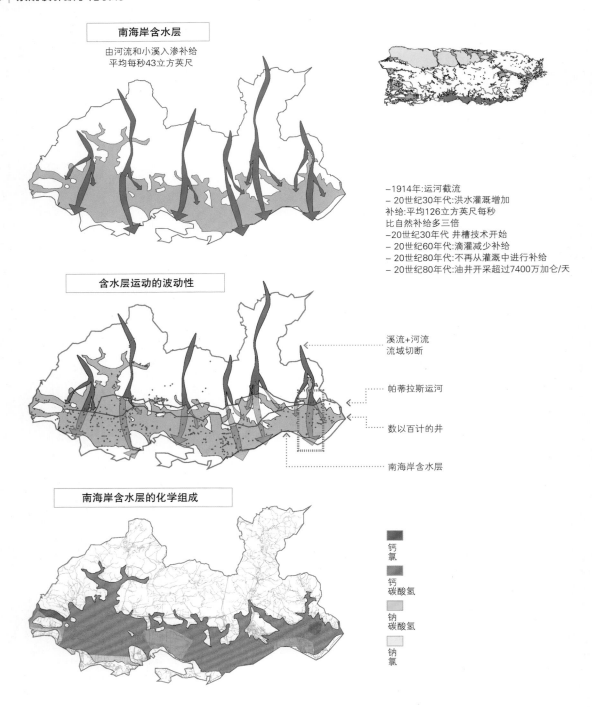

图22.3 在甘蔗工业的鼎盛时期,由于灌溉方法的原因,南海岸含水层的回灌率高于正常水平。随着灌溉的减少,水的抽取增加,含水层的压力也随之增加。对敏感地区的社区分析清单显示,一些严重污染源流经或存在于阿罗约的传导区。由玛蒂娜·冈萨雷斯(Martina Gonzalez)制作。

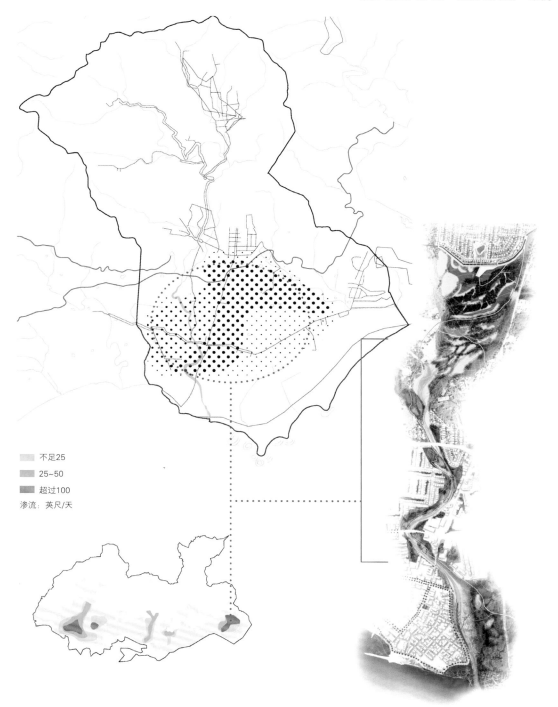

图例：

- 不足25
- 25~50
- 超过100

渗流：英尺/天

图 22.4　对敏感地区的社区分析清单显示，一些严重污染源流经或存在于阿罗约的传导区。传导区域或高渗透率，在这张调查地图上用阴影表示了强烈的渗透率。阿罗约社区内包括一个主要传导区。由玛蒂娜·冈萨雷斯（Martina Gonzalez）制作。

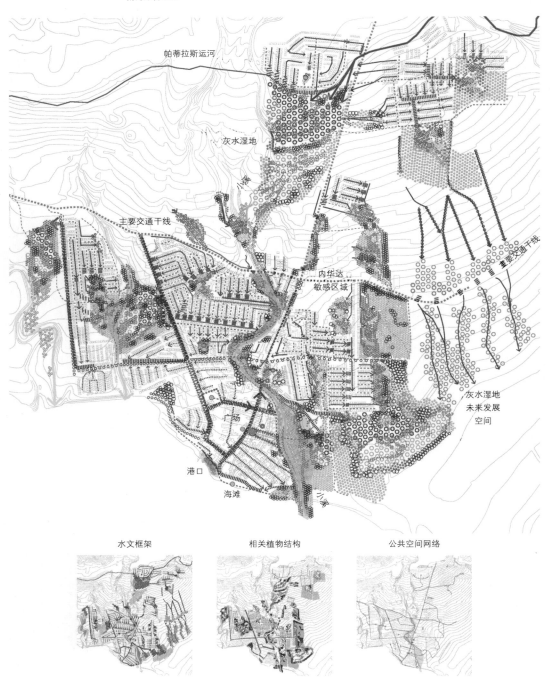

南海岸含水层

帕蒂拉斯运河

灰水湿地

小溪

主要交通干线

内华达
敏感区域

主要交通干线

灰水湿地
未来发展
空间

广场

港口

海滩

小溪

水文框架　　　　相关植物结构　　　　公共空间网络

图 22.5　该方案是一个水文和植被系统的综合网络，它们根据地理位置的不同而发挥不同的功能，但也具有整体性。这个框架图显示了景观在水处理方面的功能；池塘、水泵和水的流动，以及对未来发展的建议。由玛蒂娜·冈萨雷斯（Martina Gonzalez）制作。

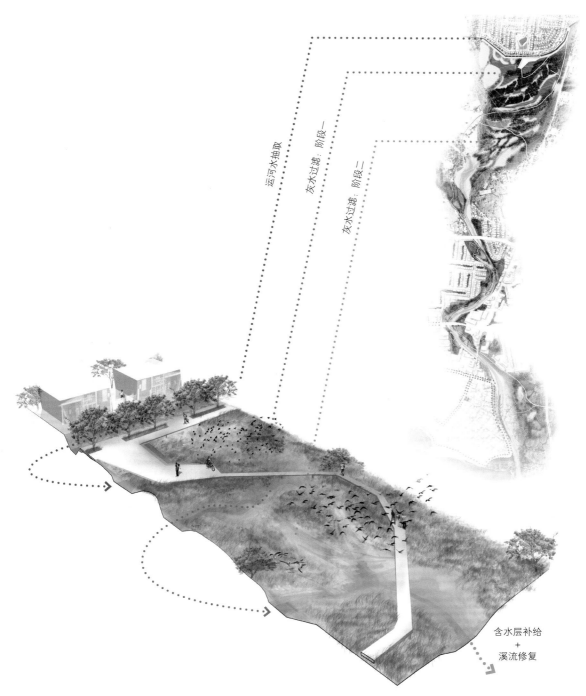

运河水抽取

灰水过滤: 阶段一

灰水过滤: 阶段二

含水层补给
+
溪流修复

图 22.6 甘蔗工业遗留下来的基础设施、帕蒂拉斯运河被重新利用，并将其中的水释放到一个灰色湿地，对其进行足够的稀释来修复水质，补给含水层，振兴河湾和重建社区与水的关系。由玛蒂娜·冈萨雷斯（Martina Gonzalez）制作。

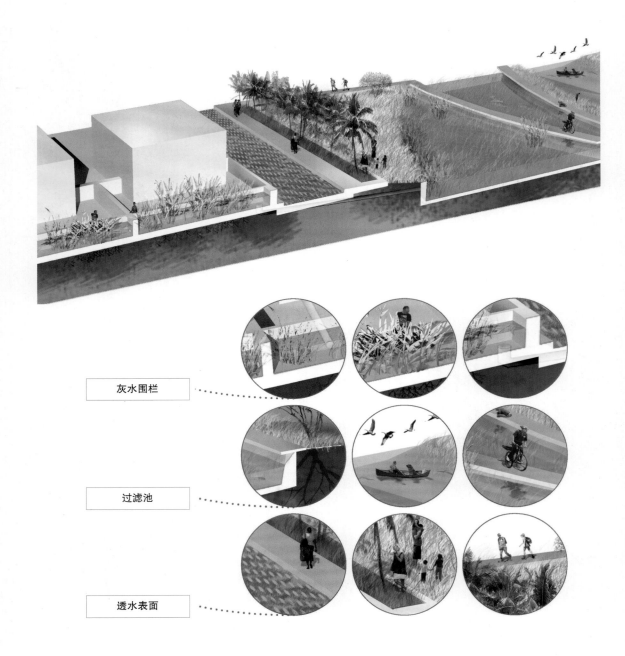

灰水围栏

过滤池

透水表面

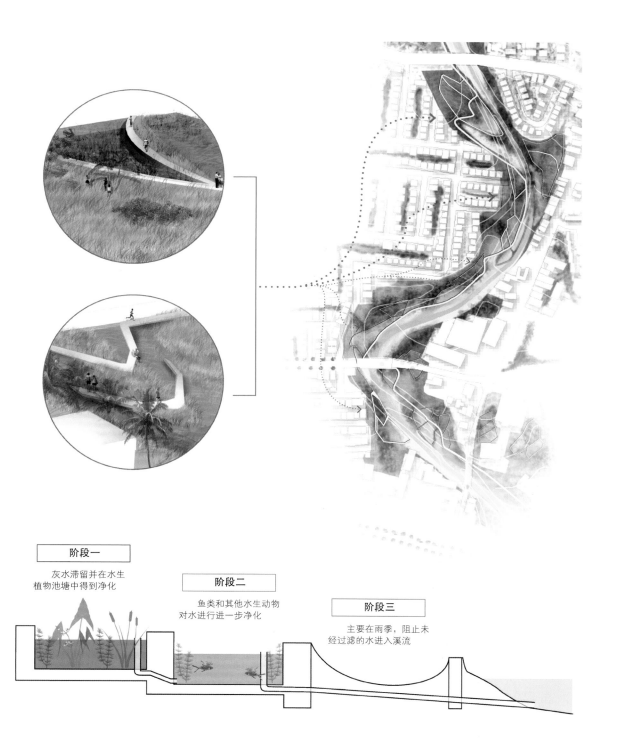

阶段一

灰水滞留并在水生
植物池塘中得到净化

阶段二

鱼类和其他水生动物
对水进行进一步净化

阶段三

主要在雨季，阻止未
经过滤的水进入溪流

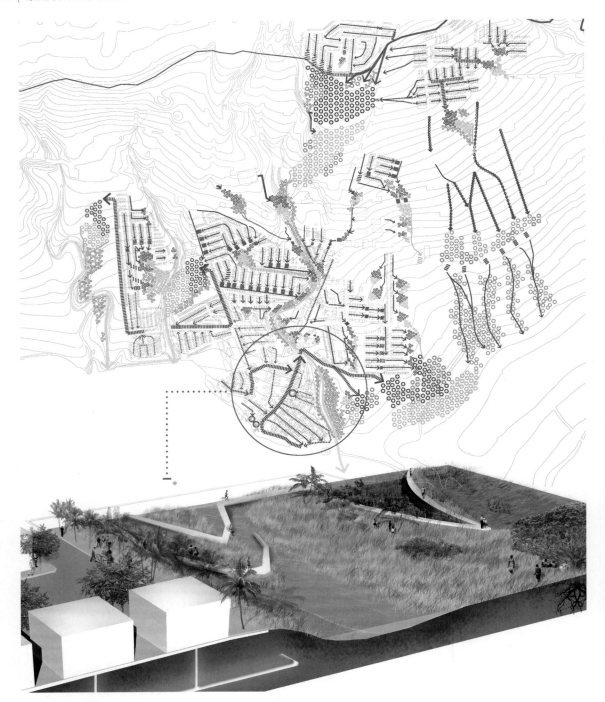

图 22.7~ 图 22.9 传导区域内的房屋是灰水再生不可分割的一部分。这些住宅的灰水过滤第一阶段是在后院通过灰水塘或渠道等小型单元系统进行的。然后，这些单元规模的系统将水重新引向河湾岸边的滤水池，完成剩余的过滤步骤。由玛蒂娜·冈萨雷斯（Martina Gonzalez）制作。

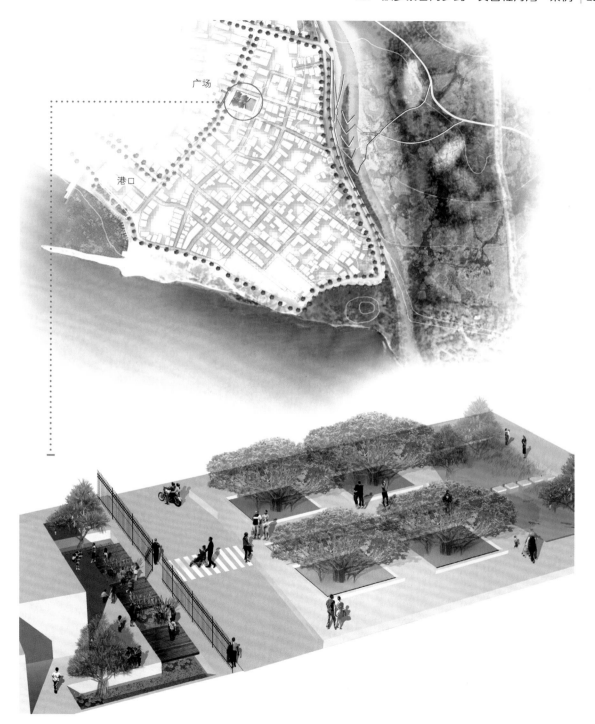

图 22.10 社区网络提出了公共空间的重要性，并将所有的水引向"交替性"河湾。这些池塘还可以作为公共空间，以增加生物多样性。由玛蒂娜·冈萨雷斯（Martina Gonzalez）制作。

图 22.11 阿罗约港口透视图。规模紧凑的灰水处理池清洁来自邻近餐馆的灰水，然后释放出淡水，帮助海湾河口生物的生长。1898 年和 2013 年的参考图像显示了治理前后的情况对比。由玛蒂娜·冈萨雷斯（Martina Gonzalez）制作。

图 22.12 阿罗约约的交替性河湾可以成为社区变革的催化剂，作为公共活动的走廊，提供休息或娱乐的场所，同时处理灰水，并重新构建其与社区的关系。由玛蒂娜·冈萨雷斯（Martina Gonzalez）制作。

结束语

罗伯特·罗维拉(Roberto Rovira)

　　数字化表现毫无疑问地以前所未有的方式影响着景观设计学对系统和网络的想象力。它显著地增强了景观设计学领域的各项能力，使其能够在短期和长期、微观和宏观尺度上对这些理念进行细致入微的理解。场地、社区、城市和区域性策略，这些之前或之后曾一度分崩离析的概念可以通过数字化表现并行结合在一起，让其呈现出渐进的、分阶段的基础设施规模和系统，并且这种表现形式有能力提出想法和概念来打消人们的各种疑虑，否则这些人们有可能会安于现状，或者也有可能不会知道更好的表现方法。

　　数字表现，就像景观设计学一样，属于概念想法的范畴。也许在更深层次上，它使想法更有关联性，可被理解，并具备了值得我们去注意的价值。景观设计中的数字化表现，如果处理得当，可以从复杂性中提炼出一种感知，并以复杂且具动态性的叙事方式清晰地传达过程。但如果不加节制，也可能适得其反。有了分层、自动化脚本和定量处理大量信息的能力，数字化表现就是一种非常宝贵的工具，能够应对或许会进一步复杂化的景观，即便其范围和复杂性不断扩大。

　　无论是数字的还是模拟的，一系列可用的绘图类型为探索和传递作为设计过程一部分的各种选项提供了广泛的可能性。平面图、轴测图、剖面图和透视图是一直以来的标准。然而数字工具和软件的使用加快了迭代能力并探索了排列形式，设计并创建复杂形式，测量并精确检查替代性方案，以及充当了制作过程中的载体。三维模型长期以来一直是设计过程的重要组成部分，但数字工具的生成性潜力使数据驱动型设计与参数建模成为未来有前途的标准。

　　当一个人考虑景观设计所要暗中遵循的一些内在"规则"时，无论它们是市政法规、物质性能限制，或者潜在生态模式的生态系统关系，数字工具的潜力在执行基于这些规则的算法方面天生就非常强大。因此，用数字化表现景观就意味着要"在幕后"整体地去预测和构建模型系统和网络，同时也要说明这些过程的最终结果。数字工具所提供的技术精度和准确性，与它们在理想状态下表现和说明景观微妙之处可能性的能力是相辅相成的。

与先进逼真的建模软件和更快的处理技术一起成长的数字化表现能力在持续增强，但是它从未放弃优先考虑概念想法的需要，定义层次结构，运用判断呈现结构意义，努力做到从整体上理解，综合考虑整体以及部分。景观设计的这种方式一直被认为对其同一性来讲是至关重要的。

最终，使用最高水准的数字化表现其实就是在明确"为什么"以特定方式进行数字化表现的重要性，而不只是"如何精确地完成"这么简单。毕竟，关于"如何做"的方法总是会改变的，并且有可能改变得更简单、更直观。然而，问"为什么"并利用技术找出答案，对于我们推进这门学科，并将其置于大型景观解决方案之中，去影响人类与其环境之间关系的能力始终都是至关重要的。